Mohammed Aminul Ahesan
Tarmiji Bin Masron

Aplicação GIS para determinar locais adequados para moinhos de arroz automáticos

Mohammed Aminul Ahesan
Tarmiji Bin Masron

Aplicação GIS para determinar locais adequados para moinhos de arroz automáticos

ScienciaScripts

Imprint

Any brand names and product names mentioned in this book are subject to trademark, brand or patent protection and are trademarks or registered trademarks of their respective holders. The use of brand names, product names, common names, trade names, product descriptions etc. even without a particular marking in this work is in no way to be construed to mean that such names may be regarded as unrestricted in respect of trademark and brand protection legislation and could thus be used by anyone.

Cover image: www.ingimage.com

This book is a translation from the original published under ISBN 978-3-659-79876-4.

Publisher:
Sciencia Scripts
is a trademark of
Dodo Books Indian Ocean Ltd. and OmniScriptum S.R.L publishing group

120 High Road, East Finchley, London, N2 9ED, United Kingdom
Str. Armeneasca 28/1, office 1, Chisinau MD-2012, Republic of Moldova, Europe
Printed at: see last page
ISBN: 978-620-8-04548-7

ÍNDICE DE CONTEÚDOS

Dedicação

Dedico este livro aos meus queridos pais, cujos esforços e orações pelo meu sucesso não podem ser comparados a nada no mundo.

Agradecimentos

Alhamdulillah. Todos os louvores e agradecimentos a Deus.

Dr. Tarmiji Bin Masron, cujos conselhos, orientação, ajuda, apoio e supervisão, desde o início do estudo até à sua conclusão, foram inestimáveis. Sem o seu encorajamento contínuo, este trabalho não poderia ter sido concluído. Dr. Ruslan Rainis, à Prof.ª Dr.ª Anisah Lee Abdullah e ao Dr. Wan Mohd. Muhiyuddin pelos seus conselhos e orientações cordiais relativamente à minha dissertação para este programa de mestrado. Ajudaram-me para além das suas responsabilidades, partilhando as suas ideias valiosas e dando as indicações necessárias.

Estou grato ao meu irmão mais velho, Dr. A K M Kamruzzaman, e à minha mulher, Dra. Salina Akter Shipu, que sempre me inspiraram e encorajaram a prosseguir estudos superiores no estrangeiro. A orientação e o apoio que recebi do Dr. Zaman e da Dra. Kaniz Fatema durante o meu período de estudos ultrapassaram as minhas expectativas.

Os meus agradecimentos vão para o Secretário Principal do Ministério da Administração Pública do Bangladesh e para o Diretor do Projeto, juntamente com todo o seu pessoal do projeto "Reforço do Governo através do desenvolvimento das capacidades dos funcionários do quadro da função pública do Bangladesh". Sem a sua amável consideração e ajuda, o financiamento do meu estudo no estrangeiro não seria possível. Não posso de modo algum esquecer o encorajamento e a cooperação dos meus colegas no Ministério da Alimentação e também na Direção da Alimentação, especialmente o Diretor-Geral Ahmed Hossain Khan, os Diretores Adicionais Kazi Nurul Islam, Ratan Kumar Ghosh e os Diretores-Adjuntos Eftekhar Ahmed, Kawserul Islam Sikder e Md. Faruk Hossain.

A USM e os seus funcionários, em especial os funcionários da Escola de Humanidades e do Departamento de Geografia, merecem o meu grande reconhecimento. A expressão da minha gratidão ficaria incompleta se não mencionasse o amor, o afeto e a atitude de ajuda de todos os meus colegas de turma e de doutoramento, que me inspiraram durante todo o programa de estudos. Agradeço a Chowdhury Mosabber Hossain Khan, District Controller of Food do distrito de Joypurhat, bem como a todos os seus funcionários, especialmente ao Sr. Jahangir, pela sua ajuda cordial na recolha de dados para este estudo.

Estou grato a todos os meus amigos da USM e do Bangladesh que sempre me estenderam as suas mãos altruístas. Não posso de forma alguma compensar o sacrifício dos membros da minha família, especialmente da minha filha Suha e do meu filho Aasim, que sofreram a minha ausência. Os seus rostos inocentes inspiraram-me sempre a atingir o objetivo. Devo ao meu sogro e à minha sogra a sua ajuda e apoio incondicionais à minha família na minha ausência.

Mohammed Aminul Ahesan

Resumo

O Bangladesh é um país populoso cuja população depende maioritariamente do arroz para a sua alimentação. O arroz em casca é cultivado em todo o país e são criados diferentes tipos de moinhos de arroz para transformar o arroz em casca, mas estes moinhos de arroz produzem poeiras finas, uma grande quantidade de cinzas e também odores. Assim, estes moinhos têm um impacto negativo significativo no ambiente e na saúde pública. As modernas fábricas de arroz automáticas estão a ser instaladas sobretudo em zonas urbanas, sem que se faça um bom juízo na escolha da sua localização. O SIG é uma ferramenta útil para a análise de dados, visualização em mapas e seleção de locais para vários fins. Não foi realizado nenhum estudo sobre a seleção de locais para os moinhos de arroz automáticos. Neste estudo, analisa-se a distribuição espacial da produção de arroz e dos moinhos de arroz no Bangladesh e prepara-se um modelo cartográfico para automatizar o processo de seleção de locais para moinhos de arroz. Com a aplicação do modelo, são encontrados 25 locais candidatos adequados na área de estudo do distrito de Joypurhat, onde a densidade de produção de arroz é a mais elevada do país. Neste local, estão a funcionar tanto moinhos de descasque normais como moinhos de arroz automáticos. Entre estes locais candidatos adequados, foram detectados 10 locais óptimos através de uma abordagem de atribuição de localização, tomando o volume de produção de arroz como determinante da procura. Este modelo pode ser utilizado para selecionar locais para fábricas automáticas de arroz também noutras áreas. Pode também ser utilizado para a seleção de locais para outras fábricas de processamento agrícola ou para a seleção de locais para indústrias poluentes, como siderurgias e centrais eléctricas a biomassa, com um mínimo de ajustamentos e personalização.

CAPÍTULO 1

INTRODUÇÃO

1.1 Introdução

O arroz é um alimento crucial para mais de metade da população mundial e a sua importância como cultura alimentar está a aumentar com o aumento da população (Kerala State Industrial Development Corporation [KSIDC], 2012). O Bangladesh é um país densamente povoado onde cerca de 48% da sua população rural depende da agricultura para a sua subsistência e o cultivo do arroz ocupa a maior parte (Bangladesh Rice Research Institute [BRRI], 2013). Os bangladeshianos são normalmente caracterizados por serem produtores e consumidores de arroz. Como principal cultura, o arroz cobre cerca de 75% da área total de terra cultivada, representa 70% do valor da produção agrícola total e constitui 93% do total de grãos produzidos anualmente no país (Banco Mundial, 1997). É o alimento básico de cerca de 150 milhões de pessoas, fornecendo dois terços do total de calorias e cerca de metade da ingestão de proteínas do consumo médio de um cidadão no país. Esta cultura contribui com metade do PIB agrícola e um sexto do rendimento nacional (Abdullah, Farzana, & Mohammad, 2013). A mecanização do cultivo de arroz, particularmente a minimização das perdas pós-colheita, precisa de ser considerada para combater os desafios futuros relativos à questão do arroz no Bangladesh (BRRI, 2013).

As fábricas de arroz para a transformação de arroz em arroz são estabelecidas em cada região, independentemente da quantidade de arroz cultivado na região, porque as fábricas de arroz não são criadas proporcionalmente ao volume de produção de arroz. Uma capacidade fundamental do Sistema de Informação Geográfica (SIG) é a agregação de dados para modelação, seleção do local e análise da adequação da terra (Reisi, Aye, & Soffianian, 2011). Através do SIG, podem ser analisados dados espaciais e não espaciais. Enquanto a distribuição espacial da produção de arroz e a capacidade dos moinhos de arroz são efectuadas por análise espacial, a distribuição espacial da capacidade de moagem normalizada pelo volume de produção de arroz é observada para verificar a proporcionalidade na distribuição dos moinhos de arroz em todo o Bangladesh e também no distrito de Joypurhat.

Os moinhos de arroz produzem uma quantidade significativa de cinzas como subproduto, cuja eliminação é muito difícil. Como as modernas fábricas de arroz de alta capacidade produzem poeiras finas e odores, têm um impacto negativo no ambiente e na saúde pública (Central Pollution Control Board [CPCB], 2012). Tendo em conta as consequências ambientais, as fábricas de arroz devem ser instaladas a uma distância razoável das zonas residenciais, para que não se tornem perigosas para a saúde pública. Para gerir a atividade de transformação do arroz, a rede de comunicações desempenha um papel vital. A eletricidade é indispensável para o funcionamento dos modernos moinhos de arroz automáticos.

O SIG é uma ferramenta útil e importante utilizada para selecionar locais que satisfaçam várias necessidades específicas. Os métodos baseados em vectores são mais frequentemente aplicados para identificar locais adequados para diferentes fins. Por exemplo, o SIG vetorial foi utilizado para identificar lixeiras na Malásia (Yagoub & Buyong, 1998), aterros sanitários nos Estados Unidos (Herzog, 1999) e na Turquia (Basaiaoclu, Celenk, Mariulo, & Usul, 1997) e locais de aplicação de resíduos animais na Austrália (B. B. Basnet *et al.*, 2001).

A seleção de sítios através de um método baseado em imagens em conjunto com o modelo de combinação linear ponderada (WLC) é um método popular. O WLC é um modelo matemático disponível para delinear e classificar sítios adequados para fins específicos. Este modelo foi utilizado para identificar e classificar locais adequados para a aplicação de resíduos de esgotos (Hendrix & Buckley, 1992), enchimento de terrenos (Siddiqui,

Everett, & Vieux, 1996), aplicação de estrume (Jain, Tim, & Jolly, 1995) e abrigos de evacuação de emergência (Kar & Hodgson, 2008).

A seleção de um local industrial é complexa e depende de uma série de critérios. Estes critérios também diferem consoante o tipo de indústria. Assim, a seleção do local para as indústrias é uma análise de decisão com critérios múltiplos (MCDA) (MacCarthy & Atthirawong, 2003). A análise de decisão com critérios múltiplos aplica vários métodos que ajudam os decisores a encontrar melhores soluções. A MCDA ajuda as pessoas a ter em conta mais do que um critério (Loken, 2007). A abordagem de atribuição de localização da Network Analyst Extension é utilizada para localizar instalações e atribuir pontos de procura que utilizam as instalações.

1.2 Antecedentes do estudo

O Bangladesh é um país populoso cuja população depende sobretudo do arroz para a sua alimentação. Durante todo o ano, o arroz é cultivado em todo o país; no entanto, a quantidade de produção varia consoante as regiões. Independentemente da produção de arroz, também existem moinhos de arroz para transformar o arroz em arroz (Department of Food, 2013).

A maioria dos moinhos de arroz para a produção de arroz parboilizado no Bangladesh são moinhos de descasque de menor capacidade. Atualmente, estão a ser instalados modernos moinhos de arroz automáticos (Parvez, 2011). É por isso que a população local apresenta muitas queixas e, nalguns locais, são também instaurados processos contra os proprietários dos moinhos. Alguns moinhos já foram objeto de uma injunção judicial contra o seu funcionamento.

Entre as duas variedades principais (dependendo do tempo de cultivo e do tempo de colheita), a Boro, colhida na estação das chuvas (abril-maio) produz mais de 55% da produção total (BBS, 2011). Devido à estação das chuvas, torna-se muito difícil para os agricultores gerir as operações pós-colheita, como a limpeza e a secagem do arroz para efeitos de armazenamento prolongado, uma vez que o processo depende sobretudo do clima, especialmente da luz solar para a secagem do arroz. Além disso, há escassez de estaleiros de secagem para a enorme quantidade de arroz colhido. Por esta razão, uma quantidade significativa de arroz é desperdiçada todos os anos. Por vezes, o pânico de cheias repentinas ou de inundações prematuras obriga os agricultores a colher o arroz o mais rapidamente possível, mesmo com chuva.

Os moinhos totalmente automatizados, que não dependem da luz solar para o seu funcionamento, podem funcionar sem problemas em qualquer tipo de condições climatéricas e, uma vez que estes têm necessidade de mais arroz como matéria-prima, os moinhos automáticos funcionam como centros de consumo gigantescos e estáveis ou compradores poderosos do arroz dos agricultores locais. Assim, um moinho de arroz automático próximo presta um excelente serviço aos agricultores locais, especialmente durante a época da colheita. Arroz de má qualidade significa preços mais baixos e lucros reduzidos tanto para os moinhos como para os agricultores. A produção de arroz de melhor qualidade e a melhoria das práticas de moagem podem aumentar a qualidade da oferta de arroz, abrir novos canais de distribuição e melhorar os lucros e os meios de subsistência dos moleiros e dos pequenos agricultores (Shrestha, 2012).

Dado que os modernos moinhos de arroz automáticos requerem investimentos avultados e que é inconveniente deslocar um moinho de arroz de um local para outro após o seu estabelecimento, é necessária uma análise adequada para selecionar o local para os moinhos de arroz automáticos. A rede de comunicações desempenha um papel fundamental para o funcionamento das empresas de transformação de arroz. A eletricidade é indispensável para o funcionamento dos modernos moinhos de arroz automáticos. A distância de rios, vias férreas e massas de água também deve ser considerada no processo de seleção do local dos moinhos de arroz.

1.3 Declaração do problema

A capacidade total de transformação anual dos moinhos autorizados no Bangladesh é de cerca de 73% da produção total de arroz (Department of Food, 2013). Entre estes moinhos, apenas cerca de 15% são moinhos automáticos e 85% são moinhos de descasque normais. Estes moinhos não estão localizados de acordo com as necessidades, ou seja, não estão estabelecidos em função do volume de produção de arroz em diferentes áreas. Entre as 7 divisões do Bangladesh, na divisão de Barisal todos os moinhos têm apenas 1,77% da capacidade anual de transformação em relação ao volume de produção de arroz. Por outro lado, as divisões de Rangpur e Rajshahi têm uma capacidade de moagem excessiva de 128% e 130%, respetivamente, em relação à produção anual de arroz. Estas duas divisões são as zonas de produção mais excedentárias. Do mesmo modo, os moinhos não estão estabelecidos de modo uniforme no interior das divisões.

Na divisão de Rajshahi, de um total de 8 distritos, a capacidade de moagem de Pabna é a mais elevada (320% em relação à produção anual). Por outro lado, os distritos de Sirajganj, Rajshahi e Chapai Nawabganj registam um atraso de 38%, 64% e 78,6%, respetivamente. O distrito de Joypurhat tem uma cobertura moderada, com moinhos com uma capacidade de cerca de 123% da sua produção anual de arroz paddy. Neste distrito, Kalai Upazila tem moinhos com a capacidade de cobertura mais elevada, de 225%, enquanto Khetlal Upazila está muito atrás, com apenas 71,5% de cobertura.

Ao observar esta distribuição não uniforme dos moinhos de arroz em relação à produção de arroz, pode presumir-se que, ou uma grande quantidade de arroz tem de ser transportada de uma zona para outra para ser transformada, ou muitos dos moinhos em algumas zonas não podem continuar a funcionar durante todo o ano para utilizar a sua capacidade total. Ou uma boa quantidade de arroz pode ainda estar a ser transformada manualmente ou com simples trituradores em zonas deficitárias em moinhos de arroz.

Qualquer um destes casos constitui uma causa de ineficiência da operação de transformação do arroz em casca no país.

O sector da moagem de arroz no Bangladesh está a sofrer uma mudança. Estão a ser criadas novas fábricas automáticas de arroz a um ritmo crescente, aumentando a concorrência para milhares de pequenas e médias fábricas de descasque. No entanto, os pequenos descascadores continuam a dominar o mercado. Durante a última década, várias centenas de fábricas de descasque de arroz automáticas e semi-automáticas foram criadas em várias zonas de produção de arroz. Os industriais afirmam que estão a surgir mais investimentos para a instalação de fábricas automáticas de descasque de arroz (Parvez, 2011).

O Bangladesh manteve-se praticamente um produtor excedentário de cereais alimentares a partir de 1999-2000 (Talukder, 2005). Devido a uma mudança gradual dos hábitos alimentares, o consumo de trigo está a aumentar e o de arroz a diminuir. O crescimento da produção de arroz é superior ao crescimento da população. De acordo com as informações do Ministério do Comércio e das Empresas, o país exporta atualmente algumas variedades aromáticas e finas de arroz. O país também tem potencial para entrar no mercado internacional com o arroz grosso num futuro próximo. No mercado internacional do arroz, a qualidade ou padrão do arroz depende principalmente do processo de moagem. Só os moinhos automáticos podem produzir arroz de qualidade para exportação.

Tendo em conta as várias vantagens das fábricas automáticas de descasque de arroz, o Governo do Bangladesh incentiva os investidores a criarem novas fábricas automáticas. No Bangladesh, ao fazer aquisições internas de arroz, principalmente aos proprietários de fábricas de arroz, o governo actua como o maior e mais atrativo comprador para eles, uma vez que o governo declara o preço do arroz a um nível mais elevado do que o preço de mercado. Os moinhos de arroz automáticos recebem incentivos do governo, uma vez que o departamento alimentar compra mais 20% de arroz aos moinhos automáticos devido à melhoria dos polidores desses moinhos (Política interna de aquisição de géneros alimentícios do Bangladesh, 2010). De acordo com o princípio da aquisição interna de arroz em curso, após 2014 o governo não comprará arroz a moinhos que não tenham descascadores e polidores de borracha. Isto reflecte o ponto de vista do governo em relação aos moinhos de descasque simples. Assim, é evidente que, num futuro próximo, será instalado um bom número de moinhos automáticos em todo o país, os quais desempenharão um papel vital no fornecimento regular do alimento básico.

No Bangladesh, o Ministério da Alimentação não só compra arroz aos moageiros, como também regula e controla a sua atividade para garantir os direitos das pessoas comuns ligados à sua atividade. Através dos seus gabinetes subordinados em todo o país, emite licenças ou aprovações para o funcionamento de fábricas de arroz e para a realização de tais actividades. Para além da aprovação do departamento alimentar, o investidor tem de obter autorização de outra agência governamental - o departamento do ambiente - antes de instalar um moinho de arroz.

A distribuição de fábricas automáticas de descasque de arroz em função da procura (por exemplo, as necessidades dos agricultores) é necessária para assegurar o fornecimento regular do alimento básico. Assim, a proximidade das empresas/campos de produção de arroz é um fator importante para a adequação do local de implantação de uma fábrica automática de descasque de arroz.

O processamento de arroz ou a moagem de arroz é uma indústria poluente. Descarrega águas residuais do processo, partículas e resíduos sólidos. A casca de arroz é o maior subproduto da indústria de moagem de arroz, representando aproximadamente 22-24% do arroz total. A casca de arroz é utilizada como combustível para gerar vapor através de caldeiras/fornos, resultando em cinzas de casca de arroz (RHA) que requerem uma eliminação adequada. Uma tonelada métrica (MT) ou 1000 kg de arroz em casca moído produz cerca de 220-240 kg de casca e, após a queima desta quantidade de casca nas caldeiras, são gerados cerca de 55-60 kg (25%) de cinzas de casca de arroz (Central Pollution Control Board [CPCB], 2012).

Os moinhos de arroz geram fumo, poeiras finas, detritos e alguns outros poluentes da água quando estão em funcionamento. Assim, os moinhos de arroz também têm um impacto negativo no ambiente. Por conseguinte, a seleção do local para as fábricas automáticas de arroz deve ser feita tendo em conta todos os aspectos relacionados. Atualmente, os investidores estão a estabelecer fábricas automáticas apenas com base na disponibilidade de terrenos, sem considerar outros factores importantes. Muitas vezes, os moinhos estão a ser instalados perto dos mercados, de armazéns estatais, de auto-estradas ou mesmo no meio de zonas residenciais.

De acordo com a Regra de Conservação Ambiental do Bangladesh de 1997, os moinhos de arroz são classificados na categoria (B) LARANJA- A (GoB, 1997). A declaração desta regra é a seguinte

(a) Nenhuma unidade industrial desta categoria (B) pode estar localizada numa zona residencial.

(b) As unidades industriais devem localizar-se preferencialmente em zonas declaradas como zonas industriais ou em zonas de concentração de indústrias ou em zonas devolutas.

(c) As unidades industriais que produzem som, fumo e odores para além do limite permitido não são aceitáveis nas zonas comerciais.

Para cumprir estas condições da regra, pode ser atribuída uma zona ou área específica para o estabelecimento de fábricas de descasque de arroz. Na atribuição de tais zonas, a quantidade de produção de arroz de uma área pode ser considerada com maior importância. Para a sustentabilidade do sistema de produção de arroz (moagem), a localização dos moinhos automáticos em todo o país tem de ser corretamente cartografada antes de se autorizar a sua instalação. No entanto, não existe um modelo disponível para selecionar a localização dos moinhos de arroz tendo em conta o impacto ambiental e as necessidades dos agricultores. Não existe nenhum estudo sobre a seleção da localização de fábricas automáticas de arroz. Por conseguinte, este estudo foi realizado para colmatar a lacuna da investigação e a necessidade de um modelo adequado.

1.4 Finalidade e objectivos

Através desta investigação, foi concebido um modelo para a seleção do local de implantação de fábricas automáticas de descasque de arroz no distrito de Joypurhat, sob a divisão de Rajshahi, que é uma região proeminente de excedentes de arroz no Bangladesh. Este modelo formulado pode ser utilizado, com algumas adaptações, para selecionar locais em todo o país. É feito um inquérito sobre a localização dos moinhos de arroz automáticos existentes, a localização dos mercados de arroz e de arroz e também a localização dos armazéns governamentais de cereais alimentares no distrito e a sua posição geográfica é registada utilizando uma máquina GPS. A localização das auto-estradas, outras estradas dentro do distrito e também as estradas nacionais para mercados distantes são utilizadas. Os dados mais recentes sobre a produção anual de arroz em cada bloco agrícola ou união são recolhidos junto dos serviços locais. Os mapas são recolhidos diretamente de diferentes instituições ou de sítios Web e processados de acordo com as necessidades.

1.4.1 Questões de investigação

(i) Quão uniforme é a distribuição da produção de arroz no Bangladesh?

(ii) Qual o grau de uniformidade da localização dos moinhos de arroz existentes?

(iii) Como encontrar um local adequado para novos moinhos de arroz automáticos?

1.4.2 Objectivos do estudo

Os objectivos desta investigação são mencionados a seguir:

(i) Analisar a distribuição espacial da produção de arroz no Bangladesh.

(ii) Analisar a distribuição espacial dos moinhos de arroz.

(iii) Encontrar um local adequado para os novos moinhos de arroz automáticos.

1.4.3 Resultados da investigação

Ao realizar esta investigação, foram encontrados e visualizados alguns resultados específicos. Em primeiro lugar, a distribuição da produção de arroz em todo o Bangladesh e no distrito de Joypurhat é apresentada em mapas. Em segundo lugar, a distribuição dos moinhos de arroz em todo o Bangladesh e no distrito de Joypurhat é apresentada em mapas. Em terceiro lugar, é desenvolvido um modelo de seleção de locais baseado no SIG para os moinhos de arroz automáticos. Em quarto lugar, é criado um mapa da área de estudo que mostra os locais adequados para os moinhos de arroz automáticos. Por último, é gerado um mapa de atribuição de localização que mostra a cobertura das áreas agrícolas pelos locais óptimos selecionados.

1.5 Âmbito do estudo

O sistema de informação geográfica é amplamente utilizado para selecionar locais adequados para vários fins. Já foram realizados muitos estudos em todo o mundo sobre a seleção de locais para aterros sanitários, eliminação de resíduos urbanos, seleção de locais para resíduos animais, seleção de locais para centrais de biomassa, seleção de locais para habitação, seleção de locais para hospitais, escolas, colégios, universidades, centros comunitários, seleção de locais para armazéns, áreas comerciais ou questões de seleção de locais industriais com a ajuda do SIG. Não foi encontrado nenhum estudo disponível sobre a seleção de locais especificamente para moinhos de arroz automáticos.

A área de estudo, o distrito de Joypurhat, foi selecionada para esta dissertação com base na sua importância como distrito produtor de arroz e devido à presença de moinhos de arroz automáticos e de descasque. Os critérios de avaliação utilizados neste estudo para efeitos de seleção do local são a distância de estradas e caminhos-de-ferro, a distância de zonas residenciais, a distância de rios, a distância de massas de água e a proximidade de linhas de abastecimento de eletricidade ou de linhas de alimentação. Estes critérios são categorizados como condições favoráveis ou instalações e restrições obrigatórias. Apesar de se ter consciência da necessidade de um sistema de rede de drenagem para escoar as águas residuais das fábricas, este não pôde ser considerado, uma vez que eram poucas as zonas urbanas que dispunham de um sistema de drenagem estruturado.

Embora existam muitas partes interessadas na indústria de moagem de arroz, apenas a perceção do moleiro foi utilizada neste estudo. Para o mapeamento da localização-alocação, o volume de produção de arroz em casca na unidade administrativa mais pequena, designada por "União", foi utilizado como peso dos pontos de procura. Seria mais eficaz se a localização física de cada agricultor com a sua produção de arroz pudesse ser utilizada como pontos de procura na operação de análise de rede para encontrar os locais óptimos.

1.6 Importância do estudo

Uma vez que as fábricas de descasque de arroz, especialmente as de grande capacidade, geram poluentes, estes têm um impacto muito perigoso para a saúde e o ambiente. Assim, a seleção do local da fábrica de arroz deve ser considerada do ponto de vista ambiental. Cerca de 50% da população do país está direta ou indiretamente relacionada com a produção de arroz e o arroz é o alimento básico do país. O arroz é cultivado em quase todo o lado, exceto em algumas zonas montanhosas. Com o crescimento da população, as zonas residenciais estão a expandir-se horizontalmente todos os dias em direção às terras agrícolas planas. É por isso que, para manter as zonas residenciais livres de riscos para a saúde devidos a poluentes provenientes dos moinhos de arroz, é necessário um planeamento adequado da seleção do local de implantação. De acordo com a informação da autoridade local do departamento alimentar, há provas de que, dos 13 moinhos de arroz automáticos existentes na área de estudo, pelo menos 3 moinhos receberam ordens de injunção do tribunal para o seu funcionamento, uma vez que se encontram no meio de áreas residenciais e prejudicam a saúde pública da localidade. Assim, para evitar tais perturbações ou complexidade na operação de moagem, o local para a instalação de um novo moinho de arroz tem de ser selecionado com prudência.

O SIG é uma ferramenta útil e importante para a seleção de locais para diversos fins. Tanto quanto é do conhecimento do investigador deste estudo, não foi feito nenhum estudo sobre a seleção de locais para moinhos de arroz automáticos. Neste estudo, é preparado um modelo cartográfico para efeitos de seleção do local.

1.7 A área de estudo

O estudo é efectuado no distrito de Joypurhat, no Bangladesh, como se pode ver na figura 1. Esta região estende-se por 88,926° - 89,287° de longitude oriental e 24,838° - 25,274° de latitude norte, com uma área de 965 quilómetros quadrados. É um distrito fronteiriço com a Índia e situa-se ao lado da província de Bengala Ocidental, na Índia. É o distrito mais pequeno da divisão de Rajshahi, constituído apenas por cinco subdistritos (upazila). O número de unidades administrativas mais pequenas (sindicatos) é de 32 e existem 988 aldeias no distrito. A população do distrito é de 938 495 habitantes.

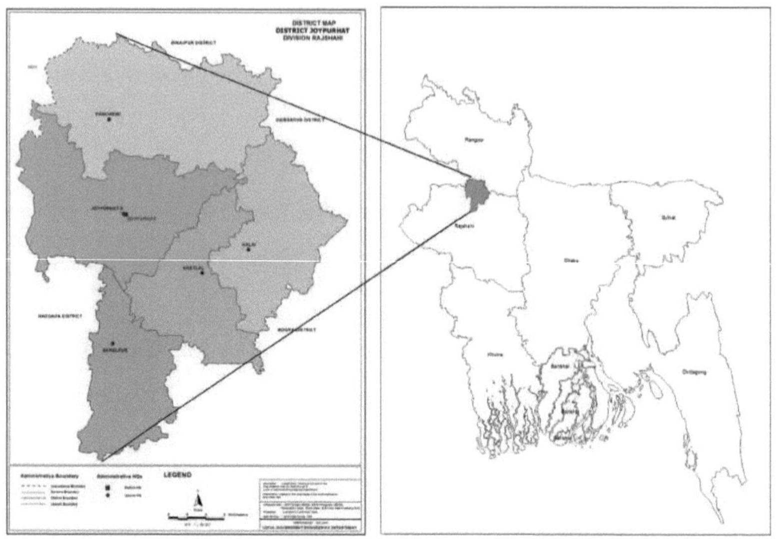

Figura 1.1 Área de estudo - Distrito de Joypurhat, Bangladesh

É um distrito excedentário em arroz e possui moinhos de arroz de descasque normal e automático. O total de terras cultiváveis no distrito é de 96.544 hector. A produção total de arroz neste distrito no ano de 2013 foi de 545071 MT. O número de fábricas de arroz em casca neste distrito é de 497 e as fábricas de arroz automáticas são apenas 13. A capacidade anual de esmagamento dos moinhos de arroz em casca em Joypurhat é de 559 632 MT e os moinhos automáticos têm uma capacidade anual de 111 384 MT.

1.8 Quadro geral do estudo

Esta dissertação sobre o estudo para encontrar locais adequados para a instalação de moinhos de arroz automáticos está dividida em cinco capítulos. Estes capítulos estão organizados de uma forma típica da redação de teses, de modo a que o percurso para chegar à solução seja suave e lógico.

O primeiro capítulo é uma introdução que diz respeito ao enfoque concetual do estudo. Começa por apresentar as áreas de pensamento que conduzem o estudo. Inclui os antecedentes do estudo, o enunciado do problema, os objectivos, as questões de investigação, o significado e o âmbito do estudo, a área de estudo, bem como o esboço da tese.

O capítulo dois descreve a revisão dos artigos da literatura relacionados com este estudo. Começa com uma introdução ao SIG e às áreas de conhecimento relacionadas com este estudo. É feita uma descrição do cenário da produção de arroz, da sua importância para a comunidade, dos sistemas existentes de processamento de arroz, das vantagens e desvantagens dos diferentes processos, das suas técnicas de modernização, das tendências de modernização, do envolvimento inevitável dos interesses dos agricultores com a localização das fábricas de arroz, do envolvimento de questões ambientais e dos riscos para a saúde devido às operações das fábricas de arroz em áreas residenciais. Em seguida, é dado destaque ao conceito de Ciência da Informação Geográfica, aos seus componentes, à sua capacidade de fornecer soluções para problemas da vida real, especialmente problemas relacionados com a decisão de selecionar um local para um fim específico. São analisadas as técnicas de seleção de locais e os seus resultados no que diz respeito a aterros, eliminação de resíduos sólidos, utilização de resíduos animais, centrais eléctricas, centros de evacuação, hospitais, locais de habitação, armazéns, zonas industriais e outros problemas próximos do conceito deste estudo. O capítulo de revisão da literatura orienta o investigador na seleção da metodologia específica para resolver o problema deste estudo.

O capítulo três trata do desenvolvimento da metodologia aplicável para encontrar a solução visada no estudo. São discutidas a metodologia geral e a metodologia específica para este estudo. O caminho para o destino da solução é encontrado através da discussão da metodologia neste capítulo. A metodologia inclui a recolha de dados espaciais e não espaciais (dados de atributos) da área de estudo, quer de fontes primárias quer secundárias. Estes dados são analisados através de vários métodos de análise baseados no SIG. São examinadas tanto as análises vectoriais como as análises raster ou de grelha e, finalmente, o modelo é concebido adaptando o método mais frutuoso e conveniente. Os locais candidatos adequados encontrados a partir deste modelo são processados através da análise de atribuição de localização e são detectados os locais óptimos.

O capítulo quatro aborda a realização da metodologia, ou seja, as conclusões da análise são discutidas e apresentadas como resultados em mapas. Os mapas intermédios resultantes do processo de execução do modelo são também descritos neste capítulo. A localização dos moinhos de arroz automáticos existentes, dos centros de crescimento e dos armazéns governamentais é vista e a utilidade dos locais óptimos detectados é avaliada.

O capítulo cinco resume os componentes ou factores espaciais da investigação. São aqui mencionadas as implicações práticas e os contributos a nível político. As limitações do estudo, bem como as recomendações e sugestões para estudos futuros com o objetivo de melhorar os resultados deste esforço, são também aqui referidas.

CAPÍTULO 2

REVISÃO DA LITERATURA

2.1 Introdução

A revisão da literatura para esta investigação começou com a necessidade de saber o que é o SIG e como pode ser utilizado para resolver os nossos problemas da vida real. O conceito de sistema de informação geográfica não é assim tão novo como muitas pessoas pensam (Chang, 2010). De facto, quase com o advento do computador, os geógrafos começaram a pensar em resolver problemas espaciais através da sua utilização. O sistema de informação geográfica foi introduzido basicamente para resolver problemas do mundo real (Longley, 2005). A utilização do SIG para a seleção de locais para vários fins é muito comum hoje em dia. O SIG tem desempenhado um papel vital na localização de instalações individuais, incluindo direitos de passagem para estradas e linhas de transmissão. A sua utilização em problemas de localização de instalações múltiplas é um desenvolvimento relativamente recente (Hossain, 1988). A seleção de locais industriais é complexa e depende de vários critérios. Estes critérios são diferentes consoante o tipo de indústria. Assim, a seleção do local para as indústrias é uma análise de decisão com critérios múltiplos (MCDA) (MacCarthy & Atthirawong, 2003). A análise de decisão com critérios múltiplos aplica vários métodos que ajudam os decisores a encontrar melhores soluções. A MCDA ajuda as pessoas a ter em conta mais do que um critério (Loken, 2007).

As fábricas de transformação de arroz ou os moinhos de arroz são estabelecimentos do tipo industrial que dependem da produção local sazonal para a sua matéria-prima. Os moinhos de arroz produzem poeiras finas, uma grande quantidade de cinzas e águas residuais, que são também poluentes e têm muito odor. Assim, para além de algumas consequências ambientais, a localização das fábricas de arroz tem muita influência na vida económica e social dos agricultores locais. A revisão da literatura deste estudo tentou descobrir os problemas ou dificuldades dos produtores de arroz na época da colheita, a sua procura de uma fábrica de arroz automática nas proximidades, o impacto ambiental das fábricas de arroz e as técnicas de seleção do local em geral e especialmente para estabelecimentos do tipo industrial.

2.2.1 Produção de arroz no Bangladesh

O Bangladesh produz quase 38 milhões de toneladas de arroz por ano. É o quarto maior país produtor de arroz do mundo (Xiao *et al.*, 2006). Aqui, o arroz cresce quase todo o ano nas três épocas de cultivo designadas por Aus, Aman e Boro. No Bangladesh, cerca de 50% das terras cultivadas são de dupla cultura e 13% de tripla cultura (Maclean & Hettel, 2002). É por isso que em grande parte do país há zonas onde a fração de arroz semeado é superior a 90% da superfície terrestre (Xiao *et al.*, 2006). A maior quantidade de arroz é produzida na estação Boro, que é colhida na estação das chuvas, ou seja, nos meses de abril e maio. A segunda maior quantidade de Aman é colhida no inverno (novembro-dezembro). A taxa de crescimento anual composta da produção de arroz no Bangladesh durante o período de 27 anos até 2007/08 foi de 3,1%. É mais elevada do que a taxa de crescimento anual da população do país. A maior taxa de crescimento da produção na estação Boro está a contribuir principalmente para a produção global de arroz (Chowdhury, 2010). Atualmente, a produção de arroz no país está quase equilibrada com a sua procura. Com a taxa de crescimento da produção, espera-se que o país se torne em breve um exportador de arroz.

2.2.2 Processo de produção de arroz e seu impacto ambiental

O ser humano não pode consumir o arroz diretamente, sem qualquer transformação. O objetivo da transformação do arroz em casca é produzir arroz integral e preservar a maior parte dos grãos de arroz na sua forma original aproximada. A fim de melhorar as qualidades nutricionais e de cozedura do arroz, é efectuado um pré-tratamento do arroz em casca. O arroz obtido pela moagem do arroz pré-tratado é designado por arroz estufado. Por outro lado, o arroz produzido pela moagem de arroz não tratado é designado por arroz cru ou arroz branco.

O processo de fabrico num moderno moinho de arroz automático é contínuo e totalmente automatizado, consistindo nas secções de limpeza do arroz, fervura, secagem, moagem, triagem e embalagem (Kerala State Industrial Development Corporation [KSIDC], 2012). A secção de limpeza é composta por limpadores de arroz em bruto, desempilhadores e sopradores de pó. Nesta secção, o pó, a lama, as pedras e o arroz imaturo são removidos para o tornar completamente livre de materiais estranhos. A fase seguinte é o processo de pré-moagem, denominado "Parboilização", que consiste na cozedura parcial do grão com casca, a fim de conferir a dureza necessária aos grãos de arroz para que possam suportar a pressão exercida durante o processo de moagem. O arroz parboilizado é levado para a secção de secagem, que consiste numa instalação de secagem, num permutador de calor e num ventilador. O vapor produzido pela caldeira é utilizado para secar o arroz no secador. O tempo de secagem pode ser alterado através do ajuste da temperatura do secador. Quando o arroz está suficientemente seco, é levado para a secção de moagem. A moagem é o processo de remoção da casca do arroz por aplicação de força através de um rolo de borracha. A secção de moagem é composta por um descascador de borracha, um polidor de cone, um soprador e um separador de farelo, uma desempilhadora e uma máquina vibratória. A casca do arroz é recolhida numa sala separada e é utilizada como combustível para acender a caldeira ou vendida a granel para fazer ração para o gado, estrume, etc. O arroz descascado é depois encaminhado para o separador de arroz, que separa o arroz descascado e o arroz. O arroz descascado volta para o descascador de borracha e o arroz descascado é levado para o primeiro polidor de cone, onde o farelo de arroz também é removido do arroz. Em seguida, o arroz passa para o abaixador e separador de farelo, que remove completamente o farelo do produto. O farelo é recolhido numa sala separada e vendido diretamente aos consumidores. O arroz descascado é novamente levado para as polidoras de segundo e terceiro cones para polir o arroz. Após o polimento, o arroz passa para o destonador e o vibrador, onde as pedras e o arroz quebrado são completamente removidos do produto para o tornar de qualidade superior. O arroz recolhido no final da secção de moagem passa então para o Colour Sorter para remover completamente o arroz preto e imaturo. O produto é então transferido para a secção de embalagem para ser embalado em sacos de polietileno e de artilharia de diferentes tamanhos, pesado, cosido e levado para o armazém para expedição.

As fábricas de arroz geram uma quantidade substancial de poluição, especialmente poluição atmosférica devido a emissões fugitivas de várias operações. A poluição é particularmente elevada na limpeza do arroz em casca, na parboilização do arroz em casca e na moagem do arroz. A limpeza primária e secundária do arroz dá origem a resíduos sólidos e a emissões evasivas no ambiente de trabalho. A caldeira alimentada a carvão ou a casca de arroz gera cinzas volantes, partículas em suspensão, fumo e óxidos de carbono. Os residentes das cidades vizinhas sofrem com a poluição gerada pelos moinhos de arroz (Central Pollution Control Board [CPCB], 2012).

2.2.3 Transformação normal do arroz no Bangladesh

Em geral, para consumo próprio, os agricultores pré-processam o arroz nas suas casas e o processo de moagem do arroz acabado é efectuado em pequenos descascadores (que não dispõem de outras instalações de processamento do arroz para além da trituração) situados no mercado da aldeia vizinha. Estes descascadores também descascam o arroz para pequenos comerciantes itinerantes da aldeia. Recentemente, os descascadores vendedores estão também a trabalhar visitando porta a porta os aldeões e descascando-lhes o arroz a um preço fixo nos quintais dos clientes (Zaki-Uz, Mishima, Hisano & Gergely, 2001). Este tipo de moinhos produz uma enorme quantidade de arroz quebrado.

2.2.4 Transformação comercial de arroz ou atividade de produção de arroz

Os produtores de arroz são os principais actores do sistema comercial e de comercialização do arroz paddy. De facto, desempenham um papel vital nas operações de compra e venda de arroz em casca. Compram o arroz em casca diretamente ou através dos seus agentes nos mercados (Zaki-Uz *et al.*, 2001). Este tipo de moinhos fornece o arroz ao mercado através de diferentes tipos de sistemas de ensacamento para o grande público.

Comercialmente, o arroz é transformado em dois tipos de moinhos de arroz. Um muito comum é o moinho de descasque normal e os maiores são os moinhos de arroz automáticos que utilizam tecnologia moderna e produzem grandes quantidades de arroz normalizado, demorando relativamente menos tempo a ser processado.

Nos sistemas de moagem comerciais, o arroz é moído por fases, pelo que são designados por moinhos de arroz de várias fases ou de várias passagens. O principal objetivo da moagem comercial de arroz é reduzir as tensões mecânicas e a acumulação de calor no grão, minimizando assim a quebra do grão e produzindo um grão uniformemente polido. Em comparação com os sistemas ao nível das aldeias, o sistema de moagem comercial é um sistema mais sofisticado, configurado para maximizar o processo de produção de grãos inteiros bem moídos (Instituto Internacional de Investigação do Arroz [IRRI], 2013).

A instalação de moagem de arroz tem várias configurações e os componentes de moagem variam em termos de conceção e desempenho. A "configuração" refere-se à forma como os componentes são sequenciados. O moderno moinho comercial que serve o mercado de gama alta tem três fases básicas: a) a fase de descasque, b) a fase de branqueamento-polimento, e c) a fase de classificação, mistura e embalagem (Central Pollution Control Board [CPCB], 2012).

Nos modernos moinhos de arroz, muitos ajustes (por exemplo, folga do rolo de borracha, inclinação do leito do separador, taxas de alimentação) são automatizados para máxima eficiência e facilidade de operação.

Os branqueadores-polidores estão equipados com medidores que detectam a carga de corrente nos accionamentos dos motores, o que dá uma indicação da pressão de funcionamento sobre o grão. Isto permite fixar de forma mais objetiva as pressões de moagem sobre o grão.

Atualmente, a maior parte do arroz produzido é transformado em simples descascadores. Estes tipos de moinhos produzem arroz de qualidade inferior. Os moinhos de descasque simples ou os moinhos "Engleberg" de passagem única continuam a ser os dominantes na moagem de arroz parboilizado no Bangladesh e em muitos países africanos. Os "descascadores de ferro" nestes moinhos são famosos por quebrarem o grão de arroz. Devido à elevada quebra, a recuperação total do arroz branqueado é de 53-55%, e a recuperação do arroz de cabeça é da ordem de apenas 30% do arroz branqueado. O arroz fino quebrado mistura-se com a sêmea e a casca de arroz moída. Devido ao fraco desempenho do moinho Engleberg, os governos de muitos países desencorajam a sua utilização. Este tipo de moinhos já não pode ser licenciado para operar como moinhos de serviço ou comerciais em muitos países asiáticos (International Rice Research Institute [IRRI], 2013).

2.2.5 Limitações dos moinhos de descasque

A entrada nas fábricas de arroz é o arroz em casca, enquanto a saída é o arroz parboilizado ou cru/branco, consoante o pré-tratamento do arroz em casca seja ou não efectuado. O objetivo da moagem é obter arroz integral e preservar a maior parte dos grãos de arroz na sua forma original. As tecnologias utilizadas para a moagem de arroz em pequenos moinhos são, na sua maioria, de natureza convencional.

Os métodos tradicionais de estufagem dão origem a uma série de problemas. A maioria destes problemas resulta da fermentação devida a uma demolha prolongada ou a uma secagem tardia, com o desenvolvimento simultâneo de fungos e micotoxinas e a descoloração dos grãos, que adquirem um odor e um sabor desagradáveis. As condições de manuseamento e secagem são frequentemente pouco higiénicas e as perdas para aves, roedores e insectos podem ser elevadas (Development, 1978).

Nos moinhos de descasque, o arroz cozido a vapor deve ser seco ao sol antes de ser esmagado. Na estação das chuvas, devido à precipitação frequente e às nuvens no céu, a luz solar necessária é incerta e, no inverno, o calor da luz solar é muito insuficiente e demora mais tempo a secar o arroz. No inverno, o período de luz solar é mais curto e, na estação das chuvas, a humidade pode também atrasar o processo de secagem. Por vezes, devido à chuva contínua ou ao nevoeiro espesso (no inverno) durante dias seguidos, grande parte do arroz fica rançoso. A secagem insuficiente ou não uniforme do arroz no parque de moagem provoca uma enorme quebra do arroz durante o processo de moagem e, consequentemente, a proporção de grãos inteiros diminui. Mais uma vez, a parboilização não uniforme através do processo normal resulta em arroz de barriga branca. Deste modo, o nível geral do arroz nos descascadores desce e uma enorme quantidade de arroz de qualidade inferior chega ao mercado para consumo. Em ambas as épocas de colheita, uma quantidade significativa de arroz é estragada ou desperdiçada nestes descascadores.

2.2.6 Vantagens dos moinhos de arroz automáticos na produção de arroz estufado

Nos sistemas de moagem automáticos, o arroz é moído em várias etapas e, por isso, são chamados de moinhos de arroz de várias etapas ou de várias passagens. Este tipo de moagem de arroz reduz as tensões mecânicas e o calor acumulado no grão, minimizando assim a quebra do grão e produzindo grãos inteiros uniformemente polidos (Instituto Internacional de Investigação do Arroz [IRRI], 2013).

Além disso, os moinhos de arroz automáticos não precisam de depender da luz solar para transformar o arroz em arroz. Não dependem, de modo algum, das condições climatéricas. O fornecimento regular de eletricidade é o único fator vital para o funcionamento contínuo dos moinhos de arroz automáticos. A matéria-prima, o arroz, encontra-se em abundância durante a época da colheita. De acordo com a informação do departamento de alimentação, o número de moinhos de arroz automáticos não é suficiente para processar toda a quantidade de arroz em casca, produzida em cada estação (Departamento de Alimentação, 2013). Atualmente, os moinhos automáticos cobrem apenas cerca de 15% da capacidade total de moagem de arroz no Bangladesh.

A produção de arroz estufado apresenta inúmeras vantagens, tanto para o transformador como para o consumidor. Os transformadores obtêm um rendimento de moagem mais elevado, uma taxa de quebra reduzida e uma melhor qualidade dos subprodutos e os consumidores beneficiam de melhores propriedades nutricionais, maior firmeza, melhor qualidade de cozedura e menor viscosidade.

Um típico moinho automático de arroz parboilizado pode processar 3 TM de arroz paddy por hora, dando 2 a 2,2 TM de arroz normal, dependendo da qualidade do arroz utilizado. As fábricas de arroz automáticas mais modernas têm uma capacidade ainda maior, de 50 TM por hora e mais do que isso. Como não é necessário um grande estaleiro de secagem nestes moinhos, a utilização de terras é mínima em comparação com os moinhos de descasque normais. Trata-se de um bom aproveitamento da superfície terrestre que tem um impacto muito positivo em todo o país. Em média, são necessários cerca de 8000 metros quadrados de área de superfície de construção e 25000 metros quadrados de área de superfície de solo para um moderno moinho de arroz automático (Anónimo, 2001).

A valorização dos subprodutos (casca e farelo) é um fator-chave no cálculo do rendimento económico de uma fábrica de arroz moderna recentemente criada. O farelo proporciona um rendimento adicional significativo como fonte de óleo e também como a matéria-prima mais importante na produção de alimentos para animais. A combustão da casca gera energia suficiente para tornar o moinho autossuficiente e, eventualmente, fornece vapor para a parboilização. Além disso, os problemas ambientais associados à eliminação das cascas são evitados e, em certos casos, as cinzas resultantes da combustão das cascas podem mesmo ser vendidas (Anónimo, 2001).

Um moinho de arroz automático que produz arroz parboilizado obtém farelo com maior teor de óleo. A criação de uma unidade de extração de óleo permite a produção de uma boa quantidade de óleo. O óleo não refinado pode ser utilizado na indústria do sabão e o óleo alimentar pode ser obtido após refinação. O farelo não oleado, por ser menos suscetível à rancidez, pode ser armazenado antes de ser incorporado na alimentação animal.

No caso do arroz destinado à parboilização, a influência da secagem prévia é menor, uma vez que o rendimento da moagem é grandemente melhorado pela gelatinização e endurecimento do endosperma induzidos pelo processo de parboilização. Além disso, o teor de humidade pode ser reajustado durante a fase final de secagem do processo de parboilização.

O arroz recém-colhido com elevado teor de humidade deve ser seco no prazo de 24 horas até cerca de 14% para um armazenamento e moagem seguros ou, no máximo, até 18% para um armazenamento temporário de até duas semanas, caso a capacidade de secagem comprometa a secagem do resto do arroz húmido e, assim, se estrague (Instituto Internacional de Investigação do Arroz [IRRI], 2012).

2.2.7 Dificuldades enfrentadas pelos agricultores durante a colheita

Entre as duas variedades principais (dependendo da época de cultivo e da época de colheita), a Boro, colhida na estação das chuvas (abril-maio), produz mais de 55% da produção total (BBS, 2011). Devido à estação chuvosa, torna-se muito difícil para os agricultores gerir as operações pós-colheita, como a limpeza e a secagem do arroz para fins de armazenamento prolongado, uma vez que o processo depende principalmente do clima, especialmente da luz solar para secar o arroz. Além disso, há escassez de estaleiros de secagem para a enorme quantidade de arroz colhido. Por esta razão, uma quantidade significativa de arroz é desperdiçada todos os anos. Por vezes, o pânico de cheias repentinas ou de inundações prematuras obriga os agricultores a colher o arroz o mais rapidamente possível, mesmo com chuva.

A população comum do Bangladesh gosta de arroz estufado, exceto uma pequena parte da população total das regiões de Chittagong e Sylhet, que depende do arroz branco. Para produzir arroz estufado nos moinhos de descasque normais, o arroz é primeiro demolhado em água, depois cozido a vapor e, em seguida, seco ao sol. Só após a secagem perfeita do arroz é que se pode efetuar o processo de esmagamento. Mas como na estação das chuvas chove com muita frequência e devido às nuvens no céu, muitas vezes este processo de secagem é dificultado e, consequentemente, uma boa quantidade de arroz é desperdiçada.

Atualmente, o mercado procura arroz de qualidade normalizada, que só pode ser produzido por moinhos de arroz automáticos. Atualmente, até as pessoas comuns pobres se tornaram muito exigentes em relação ao arroz. A quota do arroz grosso, menos dispendioso, está a diminuir rapidamente nos mercados do arroz e o prémio de qualidade para o arroz fino tem vindo a aumentar constantemente nas últimas décadas. Parece, pois, que o papel do arroz como alimento básico barato está a ser redefinido. A crescente procura das variedades mais caras está aparentemente associada a um sector alimentar extra-agrícola mais importante, em particular, a moagem, a venda a retalho e a comercialização, bem como a uma indústria de moagem transformada (Minten, Murshid, & Reardon, 2012). De facto, hoje em dia ninguém quer comer arroz de qualidade inferior. Assim, a enorme quantidade de arroz produzido no Bangladesh tem de ser convertida em arroz de qualidade normal através de moinhos de arroz automáticos. Devido a uma procura tão estável de arroz de qualidade, os investidores também estão a avançar para investir neste sector.

Os moinhos totalmente automatizados, que não dependem da luz solar para o seu funcionamento, podem funcionar sem problemas em qualquer tipo de condições climatéricas e, uma vez que estes têm necessidade de mais arroz como matéria-prima, os moinhos automáticos funcionam como centros de consumo grandes e estáveis ou compradores poderosos do arroz dos agricultores locais. Assim, um moinho automático próximo presta um excelente serviço aos agricultores locais, especialmente durante a época das colheitas. A má qualidade do arroz significa preços mais baixos e lucros reduzidos tanto para os moinhos como para os agricultores. A produção de arroz paddy de melhor qualidade e a melhoria das práticas de moagem podem aumentar a oferta de arroz, abrir novos canais de distribuição e melhorar os lucros e os meios de subsistência dos moleiros e dos pequenos agricultores (Shrestha, 2012)

2.3 Advento do SIG

Dois factores principais contribuíram para o desenvolvimento dos SIG nas décadas de 1950 e 1960: as melhorias na tecnologia de hardware dos computadores e os avanços teóricos nas ciências espaciais. Os SIG têm vindo a evoluir paralelamente à tecnologia informática. O primeiro "computador eletrónico digital de alta velocidade com sequência automática" foi introduzido na década de 1940 (Flamm, 1988). Nos cerca de 10 anos seguintes, os mainframes e os computadores que incorporavam circuitos integrados estavam disponíveis, o que conduziu a uma melhoria significativa da velocidade de computação. Os avanços na tecnologia informática nas décadas de 1950 e 1960 permitiram o desenvolvimento de sistemas automatizados de armazenamento, manipulação e visualização de dados geográficos. Os primeiros sistemas a que hoje chamamos SIG surgiram na década de 1960, no momento em que os computadores se tornavam acessíveis às grandes instituições governamentais e académicas (Coppock & Rhind, 1991).

Desde finais da década de 1960, os computadores têm sido utilizados para armazenar e processar dados geograficamente referenciados (Chang, 2010). Este facto foi atestado pela publicação do livro Design with Nature de Ian McHarg e a sua inclusão do método de sobreposição de mapas para a análise da aptidão (McHarg, 1969). Para mencionar alguns outros, refira-se o Canada Land Inventory e o subsequente desenvolvimento do Canada Geographic Information System (Tomlinson, 1984), o Computer mapping na Universidade de Edimburgo, o Harvard Laboratory for Computer Graphics e a Experimental cartographic Unit (Coppok1988, Chrisman1988, Rhind1988).

2.4 Definição de GIS

O termo Sistema de Informação Geográfica é definido como um sistema informático para capturar, armazenar, consultar, analisar e apresentar dados geoespaciais (Chang, 2010). Da mesma forma, o SIG é referido como um sistema concebido para introduzir, armazenar, editar, recuperar, analisar e apresentar dados e informações de saída (DeMers, 2009). Um sistema de informação geográfica (SIG) é uma ferramenta para introduzir, armazenar, manipular, analisar e apresentar grandes volumes de dados espaciais (Congalton & Green, 1992).

Os Sistemas de Informação Geográfica (SIG) são uma tecnologia e uma metodologia baseadas em computador para recolher, gerir, analisar, modelar e apresentar dados geográficos para uma vasta gama de aplicações. Os SIG apareceram na literatura no início da década de 1960 (Yeung & Lo, 2002) e a sua utilização na análise da posição sentada começou no final da década de 1970 (Quiambao, 2001). O sucesso dos SIG nos problemas de ocupação do solo é atribuído à sua capacidade de efetuar operações determinísticas de sobreposição e de buffer (Carver, 1991)

Dana Tomlin (1990) definiu o SIG como: "A informação geográfica é um instrumento que permite preparar, apresentar e interpretar factos relativos a uma determinada superfície da terra. Esta é uma definição ampla, mas uma definição consideravelmente mais restrita é mais frequentemente utilizada. Na linguagem comum, um sistema de informação geográfica ou SIG é uma configuração de hardware e software especificamente concebida para a aquisição, manutenção e utilização de dados cartográficos (Tomlin, 1990).

Jeffrey Star e John Estes (1990) dizem: "Um sistema de informação geográfica (SIG) é um sistema de informação concebido para trabalhar com dados referenciados por coordenadas espaciais ou geográficas. Por outras palavras, um SIG é simultaneamente um sistema de base de dados com capacidades específicas para dados referenciados espacialmente, bem como um conjunto de operações para trabalhar com dados. De certa forma, um SIG pode ser considerado como um mapa de ordem superior.

2.5 Componentes de um SIG

De acordo com o Dr. Helmut Kraenzle, um SIG é constituído por cinco componentes distintos. Estes são (i) Pessoas, (ii) Procedimentos, (iii) Dados, (iv) Hardware e (v) Software (Kraenzle, 2007). Todos estes elementos têm de estar em equilíbrio para que o sistema seja bem sucedido. Nenhuma das partes pode funcionar sem a outra.

2.5.1 Pessoas

O primeiro componente do SIG são as pessoas, que efetivamente fazem o sistema funcionar. Um grande número de cargos, incluindo gestores de SIG, administradores de bases de dados, especialistas em aplicações, analistas de sistemas e programadores, são ocupados por um SIG. São responsáveis pela manutenção da base de dados geográfica e pela prestação de apoio técnico. São também necessárias pessoas com conhecimentos para tomar decisões sobre o tipo de sistema a utilizar. As pessoas envolvidas no SIG são classificadas como visualizadores, utilizadores gerais e especialistas em SIG.

A. Os espectadores são o público em geral cuja única necessidade é navegar numa base de dados geográfica para obter materiais de referência. Esta é a maior classe de utilizadores.

B. Os utilizadores gerais são as pessoas que utilizam o SIG para realizar negócios, prestar serviços profissionais e tomar vários tipos de decisões espaciais. Incluem gestores de instalações, gestores de recursos, engenheiros, planeadores, cientistas, advogados, empresários, etc.

C. Os especialistas em SIG são as pessoas que fazem um SIG funcionar. Incluem os gestores de SIG, os administradores de bases de dados, os especialistas em aplicações, os analistas de sistemas e os programadores. São responsáveis pela manutenção da base de dados geográfica e pela prestação de apoio técnico às outras duas classes de utilizadores.

2.5.2 Procedimentos

Os procedimentos combinam a forma como os dados são recuperados, introduzidos no sistema, armazenados, geridos, transformados, analisados e, finalmente, apresentados como resultado final. Os procedimentos são os passos dados para responder a uma pergunta ou dar solução a um problema. A capacidade de um SIG para efetuar análises espaciais e resolver um problema diferencia este sistema de qualquer outro sistema de informação. O processo de transformação inclui o ajuste do sistema de coordenadas, a definição da projeção, a correção de erros de digitalização num conjunto de dados e a conversão de dados de vetor para raster ou vice-versa.

2.5.3 Dados

A criação de uma base de dados é talvez o aspeto mais dispendioso e demorado do início de um projeto SIG. Há vários aspectos a considerar antes de adquirir dados geográficos. É crucial verificar a qualidade dos dados antes de os recolher. Os erros no conjunto de dados podem implicar muitas horas desagradáveis e dispendiosas na implementação de um SIG. Além disso, é muito provável que os resultados e conclusões da análise SIG estejam errados. Para cada fonte de dados potencial para a base de dados SIG, as séries de mapas, fotografias, ficheiros tabulares, etc., devem ser identificadas, revistas e avaliadas quanto à sua adequação para utilização no SIG. Os mapas, as fotografias e os dados obtidos por teledeteção são as fontes mais prováveis e devem ser avaliados para

> Escala adequada

> Projeção e sistema de coordenadas

> Disponibilidade de pontos de controlo geodésico

> Cobertura aérea

> Exaustividade e coerência em todo o domínio

> Simbolização de entidades - especialmente a exatidão posicional do símbolo devido ao tamanho ou à colocação do símbolo ou do offset no mapa

> Qualidade das linhas e dos símbolos

> Legibilidade geral e legibilidade para digitalização (etiquetas)

> Qualidade e estabilidade do material de origem

> Quantidade de edição manual necessária antes da conversão

> Correspondência de bordos entre folhas de mapa

> Existência e tipo de identificadores únicos para cada entidade

> Precisão posicional e de atributos.

Existem várias diretrizes para analisar ou verificar a exatidão dos dados. Estas são as seguintes

I. Linhagem Trata-se de uma descrição do material de origem a partir do qual os dados foram derivados, dos métodos ou da derivação, incluindo todas as transformações envolvidas na produção dos ficheiros digitais finais. Deve incluir todas as datas do material de origem e as actualizações e alterações efectuadas.

II. Exatidão posicional É a proximidade de uma entidade num sistema de coordenadas adequado em relação à posição real dessa entidade no sistema. A exatidão posicional depende das medidas da exatidão horizontal e vertical do elemento no conjunto de dados.

III. Exatidão dos atributos Um atributo é um facto sobre uma localização, um conjunto de localizações ou caraterísticas na superfície da Terra. Esta informação inclui frequentemente medições de alguns tipos, como a distância, a área ou a temperatura. A fonte de erro reside geralmente na recolha destes factos. A exatidão dos dados de atributos tem um efeito vital nos aspectos de análise de um SIG.

IV. Consistência lógica Trata das regras lógicas de estrutura e das regras de atributos dos dados geográficos e descreve a compatibilidade de um dado com outros dados num conjunto de dados. Há várias teorias e modelos matemáticos diferentes utilizados para testar a consistência lógica, como os testes métricos e de incidência, os testes topológicos e os testes relacionados com a ordem. Esta verificação da coerência deve ser efectuada em diferentes fases do tratamento dos dados geográficos.

V. Exaustividade Trata-se de uma verificação para ver se faltam dados relevantes no que respeita às caraterísticas e aos atributos. Pode tratar-se de erros de omissão ou de regras espaciais, como a largura ou área mínimas, que podem limitar a informação.

2.5.4 Hardware

O hardware consiste no equipamento eletrónico ou digital necessário para executar um SIG. Inclui um sistema informático com potência suficiente para executar o software, memória suficiente para armazenar grandes quantidades de dados e dispositivos de entrada e saída, tais como scanners, digitalizadores, registadores de dados GPS, discos multimédia e impressoras.

2.5.5 Software

O software GIS inclui o programa e a interface de utilizador para controlar o hardware. As interfaces de utilizador comuns em SIG são menus, ícones gráficos e comandos. Atualmente, estão disponíveis muitos pacotes de software diferentes. Todos os pacotes SIG são capazes de introduzir dados, armazenar, gerir, transformar, analisar, apresentar e comunicar os resultados. Mas o aspeto, os métodos, os recursos e a facilidade de utilização dos vários sistemas podem ser diferentes. Os pacotes de software actuais permitem armazenar dados gráficos e descritivos numa única base de dados, conhecida como base de dados relacional de objectos ou base de dados orientada para objectos. O pacote de software ArcGIS 10.1 GIS, que inclui ferramentas de análise espacial como extensão, é utilizado neste estudo.

2.6 O SIG como ferramenta de fornecimento de soluções

O Sistema de Informação Geográfica foi introduzido basicamente para resolver problemas do mundo real (Longley, 2005). Na fase inicial, o SIG foi bem sucedido na representação do aspeto do mundo, mas deixou de fora a maior parte das grandes questões relativas ao funcionamento do mundo. Hoje em dia, o SIG está a desenvolver esta vasta experiência de aplicações numa agenda mais vasta e está a abraçar uma gama completa de bases conceptuais para uma resolução de problemas bem sucedida (Church, 1999).

Muitos dos métodos utilizados nos SIG para resolver problemas geográficos típicos podem também ser aplicados a outros espaços não geográficos, incluindo as superfícies de outros planetas, o espaço do cosmos e o espaço do corpo humano captado por imagens médicas. As técnicas de SIG foram mesmo aplicadas à análise de sequências genómicas de ADN (Church, 1999).

2.7 GIS na seleção de locais

A modelação da localização envolve a procura da melhor localização de uma ou mais instalações para apoiar uma determinada função desejada. O SIG tem desempenhado um papel importante na localização de instalações individuais, incluindo direitos de passagem para estradas e linhas de transmissão. A sua utilização em problemas de localização de instalações múltiplas é um desenvolvimento relativamente recente (Hossain, 1988).

O problema de localização envolve a identificação de uma posição ou local específico para uma função ou atividade específica. Existem vários tipos comuns de problemas de localização associados ao SIG. O tipo mais comum envolve a medição do local onde algo existe. Com tempo suficiente, é possível medir a localização de praticamente qualquer coisa na Terra. Este tipo de problema pode ser designado por problema de medição da localização. O segundo tipo envolve a procura de um local apropriado para uma atividade. Este problema pode ser designado por problema de pesquisa de localização (Hossain, 1988).

A seleção do local é um problema espacial que exige a introdução de grandes volumes de dados biofísicos, ambientais e sociopolíticos. Um sistema de informação geográfica (SIG) é uma ferramenta para introduzir, armazenar, manipular, analisar e apresentar grandes volumes de dados espaciais (Congalton & Green, 1992). Os recentes avanços no SIG desenvolveram técnicas para selecionar, classificar e mapear locais adequados (ou inadequados) para um fim específico (Davis, 1996). O SIG é uma ferramenta poderosa para integrar dados de vários factores e realizar análises espaciais para avaliação da viabilidade e otimização da localização (Shi *et al.*, 2008).

Em geral, para a seleção de locais em muitos domínios, existem duas abordagens: a análise da adequação e a análise da otimização. A análise de aptidão utiliza principalmente procedimentos de geoprocessamento (por exemplo, buffer e sobreposição) para localizar locais adequados com base num certo número de factores restritivos e favoráveis (por exemplo, utilização do solo, distância das estradas, distância da linha de transmissão, distância dos rios, etc.). Por outro lado, a análise da optimalidade considera a relação de equilíbrio entre duas questões inter-relacionadas, semelhante à que existe entre a oferta e a procura nas empresas (Shi *et al.*, 2008).

A seleção do local é o processo de identificação de um local adequado para uma instalação específica. Sendo um problema interdisciplinar, a questão da seleção do local tem sido estudada por diferentes grupos científicos. Na literatura, existem duas abordagens principais às teorias da localização de instalações: a abordagem dos urbanistas e a abordagem dos investigadores operacionais. A localização de instalações é um termo comum sobretudo entre os investigadores operacionais, ao passo que a análise da adequação do local ou do terreno e a seleção do local são termos comuns entre os urbanistas.

Do ponto de vista dos investigadores operacionais, um problema de localização de instalações envolve encontrar uma localização óptima para uma instalação, minimizando os custos associados e/ou maximizando a desejabilidade das instalações em relação a algumas restrições. Por conseguinte, os investigadores operacionais utilizam a otimização matemática para resolver problemas de localização de instalações (Terouhid, Ries, & Fard, 2012).

Embora as teorias de localização primárias, como as apresentadas nos trabalhos de Weber e Isard, se centrassem sobretudo na minimização do custo de serviço ou na maximização do lucro, foram atualmente desenvolvidos numerosos modelos de localização de instalações com diferentes abordagens (Moses, 1958).

As aplicações dos modelos variam em função das condições das decisões. Alguns dos factores importantes na seleção de um modelo de localização incluem os tipos de instalações, o número de instalações, o tipo de localização associado ao espaço de decisão (por exemplo, contínuo, rede, discreto), os tipos de cobertura, as restrições de decisão, tais como a restrição de capacidade, a relação entre instalações novas e existentes e os objectivos dos problemas de localização (Hamacher & Nickel, 1998).

A capacidade mais importante do Sistema de Informação Geográfica (SIG) é a agregação de dados para modelação, seleção de locais e análise da aptidão da terra. O SIG agrega critérios para encontrar a melhor localização para o estabelecimento de diferentes usos do solo (Reisi *et al.*, 2011). Existem vários métodos de agregação de critérios. O método booleano é um deles, que é utilizado para a seleção de sítios. A lógica booleana ou lógica zero-um deriva do nome do famoso matemático Jorge Booli. No método booleano, as unidades em cada camada de informação são ponderadas pelos valores zero e um. Este método é utilizado sobretudo na primeira fase da avaliação, para separar os sítios adequados dos não adequados. Neste método, os pesos dos critérios (importância) não são definidos e os valores das células são apenas 0, 1. Embora a lógica booleana tenha uma vasta aplicação devido à sua rapidez, tem algumas limitações e problemas. Neste modelo, todos os factores de entrada têm valores iguais, enquanto os critérios de seleção têm valores diferentes. A lógica booleana não pode separar os sítios adequados com base nas suas prioridades. Assim, com este modelo, o acesso ao objetivo de uma decisão óptima é impossível.

2.8 GIS na seleção de locais industriais

As instalações de melhoramento de capital são investimentos importantes e de longo prazo para os proprietários e investidores. A seleção de um local adequado é uma decisão crítica que afecta significativamente os lucros e as perdas do projeto (Ghaffar, Chew, & Hassan, 1988).

A seleção da localização de uma unidade industrial é um processo complexo que envolve requisitos físicos, económicos, sociais, ambientais e políticos que podem ter objectivos contraditórios. Nas últimas três décadas, os sistemas periciais (ES), os sistemas de informação geográfica (GIS) e as técnicas de decisão multicritério (MCDM) têm sido utilizados na resolução de problemas de seleção de locais. A utilização simultânea de várias ferramentas de apoio à decisão, tais como ES, GIS e AHP, pode facilitar a resolução de problemas tão complexos (Ghaffar *et al.*, 1988). Por outras palavras, esta decisão é importante para a indústria porque afecta o aspeto financeiro (Reisiet *al.*, 2011).

Apesar do importante papel das indústrias no emprego e nas questões económicas, estas têm grandes efeitos na poluição ambiental. A tomada de decisões sobre a localização deve ter em conta uma vasta gama de factores, a fim de coordenar os benefícios socioeconómicos e a sustentabilidade ambiental. A seleção do local pode ser definida como o processo de encontrar os melhores locais para o estabelecimento de um projeto em função das condições socioeconómicas e ambientais (Puente, Diego, Santa María, Hernando, & de Arróyabe Hernáez, 2007). Encontrar a solução óptima é o objetivo dos decisores, que se baseia geralmente num critério considerado. Mas na maioria das situações de decisão do mundo real, não podemos tomar a decisão apenas com base num critério, porque na tomada de decisão é necessário considerar vários objectivos conflituosos (Queiruga, Walther, Gonzalez-Benito, & Spengler, 2008).

A seleção de um local industrial é complexa e depende de uma série de critérios. Estes critérios são diferentes consoante o tipo de indústria. Assim, a seleção do local para as indústrias é uma análise de decisão com critérios múltiplos (MCDA) (MacCarthy & Atthirawong, 2003). A análise de decisão com critérios múltiplos aplica vários métodos que ajudam os decisores a encontrar melhores soluções. A MCDA ajuda as pessoas a ter em conta mais do que um critério (Loken, 2007)

Numerosos estudos utilizaram os modelos clássicos de análise MCDM para problemas de seleção. Num estudo realizado na Índia, foram considerados diferentes parâmetros para o estabelecimento industrial, tais como declive moderado, distância dos principais rios, distância mínima das estradas, ausência de terras agrícolas de alta qualidade e bom acesso a estradas e caminhos-de-ferro (Gupta, Gupta, & Asthana, 2003).

Um estudo realizado na Tailândia considerou a ausência de florestas e zonas húmidas protegidas, a elevação, o declive, a distância de massas de água, as propriedades do solo, a distância de estradas e a distância de cidades como critérios de seleção de locais industriais (Rachdawong & Apawootichai, 2003). Os critérios de avaliação utilizados no estudo de Reisi e outros (2011) são a distância de massas de água, o declive, a distância de áreas residenciais, a distância de estradas e caminhos-de-ferro, a área protegida, a distância de outras indústrias, o lençol freático subterrâneo, a distância de fontes de água, a utilização atual do solo e a distância de falhas.

2.9 Processo de seleção de instalações industriais

O processo de seleção de um local industrial começa com o reconhecimento de uma necessidade existente ou projectada. Este reconhecimento desencadeia uma série de acções que começam com a identificação de áreas geográficas de interesse (Eldrandaly, Eldin, & Sui, 2003). No passado, a seleção do local baseava-se quase exclusivamente em critérios económicos e técnicos, mas hoje em dia espera-se um maior grau de sofisticação. Os critérios de seleção devem também satisfazer um certo número de exigências sociais e ambientais, que são impostas por legislações e regulamentos governamentais.

Algumas das questões que aumentam a complexidade do processo de seleção do local incluem a existência de a) um grande número de locais possíveis, b) requisitos que podem resultar em objectivos contraditórios, c) objectivos intangíveis que são difíceis de quantificar, d) diversidade de partes interessadas e respectivas prioridades, e e) incertezas quanto a questões futuras que podem ter impacto na validade das decisões actuais (Keeney, 1980).

Um sistema pericial é um programa de computador inteligente que utiliza conhecimentos armazenados e procedimentos de inferência para resolver problemas que requerem uma especialização humana significativa para as suas soluções (Eldrandaly, 2007). Depois de identificar os locais alternativos, a seleção do local mais adequado pode ser feita através da aplicação do método de avaliação multicritério não espacial. O Analytic Hierarchy Process (AHP), uma técnica MCDM, é utilizado para resolver este problema multicritério. O AHP é uma técnica de tomada de decisão multicritério que permite a consideração de factores objectivos e subjectivos na seleção da melhor alternativa. O AHP baseia-se em três princípios: decomposição, avaliação comparativa e síntese de prioridades (Ghaffar *et al.*, 1988).

Utilizando a integração do Sistema de Informação Geográfica (SIG) e da avaliação multicritério (MCE), podem ser determinados os sítios candidatos para uma área adequada. O software ArcGIS e as suas extensões são utilizados como ferramenta SIG, uma vez que é capaz de efetuar análises utilizando a análise MCE (Lim, Abdul Manan, Hashim, & Wan Alwi, 2013).

2.10 Encontrar locais adequados utilizando o SIG

Na área de estudo da cidade de Dhaka, no Bangladesh, as grandes superfícies comerciais estão a crescer ao acaso e as pessoas não estão a obter delas os serviços desejados. Por outro lado, os proprietários das grandes superfícies não conseguem obter os lucros desejados (M. Rahman, 2010). Neste estudo, foram utilizados métodos SIG integrados e o modelo Heurístico Alternado para determinar a distribuição das grandes superfícies comerciais na cidade em função da procura. Neste estudo, foi efectuada uma análise da localização das grandes superfícies em relação ao consumidor da área de estudo. O modelo formula o peso dos pontos de oferta e procura e as necessidades das grandes superfícies comerciais na área de estudo.

A ponderação para os pontos de procura foi determinada com base na família que vai à superloja em cada ponto de procura. No caso do peso dos pontos de abastecimento da zona, foi determinado um peso fixo para todos os centros de abastecimento. O resultado do modelo mostra que três superlojas são suficientes para a área de estudo se as superlojas forem relocalizadas. O modelo Heurístico Alternado tenta encontrar uma localização óptima para o número de instalações existentes. Os métodos GIS são aplicados para encontrar as melhores localizações para os supermercados que prestam serviços às pessoas através da venda de diferentes mercadorias. A localização das instalações de transformação que prestam serviços aos fornecedores de matérias-primas (como a compra de arroz aos agricultores para os moinhos de arroz) não é abordada de forma alguma.

A gestão dos resíduos sólidos urbanos é um grave problema ambiental. A localização dos locais de deposição na cidade de Khulna, no Bangladesh, representa a falta de consciência dos riscos para o ambiente e para a saúde pública decorrentes da deposição de resíduos em locais impróprios (M. M. Rahman, Sultana, & Hoque, 2008). O objetivo do estudo foi:

1. Investigar o sistema de eliminação de resíduos sólidos na área de estudo.

2. Identificar os problemas ambientais gerados pela deposição indiscriminada de resíduos sólidos.

3. Proporcionar alguns locais adequados para a eliminação de resíduos sólidos utilizando tecnologias SIG.

A seleção preferencial de locais adequados para a eliminação de resíduos tem sido normalmente realizada através de abordagens tradicionais, ou seja, lançando-os em todos os tipos de terrenos baldios na cidade ou nos seus arredores. Neste estudo, foi aplicada uma metodologia padrão integrada de SIG para a seleção de locais. Foram localizados sete locais adequados para a eliminação de resíduos sólidos através da aplicação do método de avaliação multi-critérios (MCE). Este estudo investigou o local adequado com vista a uma solução de eliminação de resíduos sólidos. A seleção de locais para uma unidade de transformação como uma fábrica automática de arroz requer uma abordagem diferente.

Devido ao custo e à sua utilização limitada, os abrigos de evacuação são quase exclusivamente abrigos de dupla utilização, em que o objetivo principal da instalação é para alguma outra função pública (por exemplo, escola, hospital, etc.). Em 2000, a escassez estimada de espaços de abrigo público na Florida era de cerca de 1,5 milhões (Kar & Hodgson, 2008). O objetivo do estudo era classificar os abrigos existentes e candidatos (escolas, colégios, igrejas e centros comunitários) disponíveis no estado com base na sua adequação ao local como

1. Quantos abrigos candidatos estão localizados em zonas fisicamente adequadas

2. Quantos abrigos existentes estão situados em zonas fisicamente inadequadas.

3. Quantos abrigos alternativos existentes ou candidatos com elevada aptidão física se situam na proximidade de abrigos existentes fisicamente inadequados e que podem constituir uma melhor opção de abrigo

4. Quantos abrigos existentes situados em zonas fisicamente inadequadas não estão próximos de abrigos alternativos existentes e/ou candidatos.

O método de Combinação Linear Ponderada (WLC) foi utilizado neste estudo. Verificou-se que 48% dos abrigos existentes estão localizados em zonas fisicamente inadequadas. De todos os abrigos candidatos, 57% estão localizados em zonas fisicamente inadequadas. Relativamente a 15 dos abrigos existentes em locais inadequados, não existe nenhum abrigo alternativo candidato ou existente com uma adequação física média a elevada num raio de 10 milhas (16,1 km). Este foi um estudo de adequação do local para fornecer abrigo aos evacuados de uma área propensa a furacões no Estado da Florida. A adequação do local para uma instalação de processamento industrial/agrícola, como um moinho de arroz automático, não é abordada.

O rápido crescimento das indústrias de pecuária intensiva conduziu a um grande volume de produção de resíduos animais, o que cria graves problemas ambientais na bacia de Murray Darling, na Austrália. Estes resíduos são geralmente armazenados perto das instalações de produção antes de serem aplicados nos campos agrícolas como fertilizantes. Os resíduos armazenados ou eliminados de forma incorrecta podem contribuir para a poluição agrícola de fontes não pontuais (NPS), causando graves problemas ambientais (B. B. Basnet, Apan, & Raine, 2001). O estudo foi efectuado com o objetivo de

1. Identificar e cartografar as zonas agrícolas potencialmente adequadas para a aplicação de resíduos animais.

2. Avaliar o grau de aptidão de um sítio agrícola para a aplicação de resíduos animais

3. Quantificar o efeito do número de factores de entrada e das restrições impostas pelos factores sobre a extensão da área e o grau de aptidão do sítio.

Este estudo apresenta um método de seleção de locais para a aplicação segura de resíduos animais como fertilizante em terrenos agrícolas, utilizando SIG raster. Foram selecionados os factores que afectam a adequação de um local para a aplicação de dejectos animais. Devido à presença de grandes áreas não agrícolas e residenciais na sub-bacia, apenas 16% da área foi considerada adequada para a aplicação de dejectos animais. O SIG Raster é aplicado para a seleção ou mapeamento de terrenos agrícolas para utilização segura de resíduos animais como fertilizante, e não para a seleção de terrenos para moinhos de arroz.

Vahidnia, Alesheikh, & Alimohammadi (2009), no seu estudo, centraram-se no problema específico da criação de uma rede bem distribuída de hospitais que presta os seus serviços à população-alvo com o mínimo de tempo, poluição e custos. Foi utilizado um processo de análise de decisão multicritério, que combina a análise SIG com o processo de hierarquia analítica difusa (FAHP), para determinar o local ótimo para um novo hospital na zona urbana de Teerão. A utilidade do local do novo hospital é avaliada através do cálculo do índice de acessibilidade para cada pixel no

SIG, definido como o rácio entre a densidade populacional e o tempo de viagem. Com a adição de um novo hospital no local ótimo, este índice melhorou em cerca de 6,5 por cento da área geográfica (Vahidnia *et al.*, 2009). Estes autores consideraram os vários factores para a seleção do local de um novo hospital e não para um centro de transformação de produtos agrícolas do tipo moinho de arroz automático.

No processo de urbanização contínua, a identificação de áreas habitacionais adequadas para o desenvolvimento futuro é uma tarefa muito importante. A seleção do local é um processo crucial e multifacetado que pode ter um impacto significativo nos lucros e perdas dos investimentos de capital (Al-Shalabi, Mansor, Ahmed, & Shiriff, 2006). Foi utilizado um processo de análise de decisão multicritério, que combina a análise SIG com o processo de hierarquia analítica difusa (FAHP), para determinar o local ótimo para um novo hospital na zona urbana de Teerão. Neste estudo, foi desenvolvido um modelo para avaliar a possível localização de estaleiros de construção e para apoiar a tomada de decisões sobre a localização de zonas habitacionais adicionais na cidade de Sana'a. Este modelo integra duas ferramentas principais, o SIG e o AHP, de forma a chegar à solução correta para ajudar os decisores e foi testado com êxito na determinação da adequação óptima do terreno para habitação.

Este estudo considera uma melhor localização das habitações, em conformidade com o desenvolvimento futuro da área urbana. Para a seleção do local do moinho de arroz automático como unidade de processamento, com a integração do SIG e do AHP, terão de ser considerados mais alguns factores e a análise deverá ser feita de uma forma diferente.

A decisão de seleção do local de implantação de uma instalação de arame não se resume à escolha de um local qualquer, mas envolve a comparação das caraterísticas espaciais de um mercado com os objectivos globais da empresa e de marketing (Vlachopoulou, Silleos, & Manthou, 2001). O número adequado e a localização geográfica dos armazéns são determinados pela localização dos clientes, dos fabricantes e dos concorrentes, pelas necessidades dos produtos, pelos tipos de transporte e pelo nível de vendas (Ho & Perl, 1995). O objetivo deste trabalho foi desenvolver um Sistema Geográfico de Apoio à Decisão (GDSS) para o processo de seleção de locais de armazém, permitindo ao gestor utilizar critérios quantitativos e qualitativos para classificar armazéns alternativos ou visualizar o melhor. O software desenvolvido permite aos utilizadores visualizar, explorar, consultar e analisar os dados espacialmente. Podem selecionar caraterísticas de acordo com os atributos ou com base na sua proximidade a outras caraterísticas. Uma vantagem importante do modelo é que, uma vez definidos os factores relevantes e as suas ponderações, o modelo pode ser utilizado para a avaliação de locais por pessoal com poucos conhecimentos da teoria da localização de locais. Este estudo considerou os factores para a seleção do local de armazéns. Para a seleção do local de implantação de fábricas automáticas de descasque de arroz, terão de ser considerados diferentes tipos de factores.

A quantidade de biomassa utilizável para a produção de energia foi então derivada utilizando um modelo que incorpora factores como o tipo de vegetação, a retenção ecológica, a competição económica e o custo da colheita. O SIG foi utilizado para definir a área de abastecimento de cada local candidato com base na distância de transporte ao longo das estradas (Shi *et al.*, 2008). Antes da aplicação do método, as áreas restringidas por regras e constrangimentos físicos são excluídas da área de estudo, sendo-lhes atribuído o valor 0 durante a fase de preparação dos dados. A exclusão de áreas certamente inadequadas é efectuada através da operação de máscara. Para preparar uma máscara de áreas inadequadas, todas as camadas de dados são multiplicadas umas pelas outras, de modo a que, se um pixel tiver um valor 0 proveniente de qualquer camada, o valor desse pixel será 0, o que significa que o pixel é completamente inadequado como local de aterro.

Todas as camadas de dados convertidas em raster são multiplicadas por uma máscara para ficarem prontas para a classificação (§ener, Suzen, & Doyuran, 2006).

O estudo de Allen e outros (2003) descreve um procedimento de seleção para a localização de aterros, combinando tecnologias SIG com metodologias de investigação. Havia duas fases no processo: 1) Fase SIG - que consistia num rastreio primário em duas etapas, que conduzia à identificação de áreas-alvo e era seguido de um rastreio secundário, em que eram envolvidas informações locais mais pormenorizadas e uma análise específica do sítio para identificar sítios individuais; 2) Avaliação geotécnica - que consistia na investigação do sítio e na avaliação laboratorial das caraterísticas geotécnicas de sítios individuais. O modelo SIG desenvolvido dizia respeito apenas ao rastreio primário. Após a conclusão do processo de seleção dos sítios, os indivíduos foram classificados numa escala de adequação e ordenados por ordem de preferência.

2.11 Necessidade de desenvolvimento tecnológico no sector do arroz no Bangladesh

O arroz é um importante alimento de base para quase metade da população mundial. Estima-se que, entre 2000 e 2050, o consumo global de arroz aumentará 35%. Para fazer face à procura crescente, espera-se que as empresas de arroz expandam as suas actuais capacidades de transformação de arroz (Ahiduzzaman & S. Islam, 2009).

Há poucos países no mundo que têm de depender exclusivamente do progresso tecnológico e de lhe dar maior importância para manter o equilíbrio entre a população e os alimentos, como o Bangladesh (B. S. Luh & R. Mickus, 1991). Este desafio contínuo é enfrentado devido à escassez de terras cultiváveis e à maior taxa de crescimento da população. O papel do processo tecnológico na manutenção do equilíbrio alimentar e populacional é vital e o espaço para a difusão de novas tecnologias é ainda suficientemente vasto (B. S. Luh & R. Mickus, 1991).

No Bangladesh, o arroz é cultivado em quase todo o país, exceto em muito poucas zonas montanhosas. Cerca de 50% das terras cultivadas são de dupla cultura e 13% de tripla cultura (Maclean *et al.,* 2002). Como resultado, grande parte do país tem áreas onde a fração de arroz semeado é superior a 90% da área terrestre (Malczewski, 2004).

Com base nos dados mais recentes (novembro de 2013) sobre o volume de produção de arroz e a capacidade dos moinhos de arroz existentes no Bangladesh, verifica-se que, em todo o país, os moinhos licenciados têm uma capacidade total de 70% (Department of Food, 2013). Entre estes moinhos, apenas cerca de 15% são moinhos automáticos e 85% são moinhos de descasque normais. Estes moinhos não estão localizados de acordo com as necessidades, ou seja, não estão estabelecidos em função do volume de produção em diferentes áreas. Entre as 7 divisões do Bangladesh, a divisão de Barishal tem apenas 1,77% da capacidade dos moinhos em relação ao volume de produção de arroz. Por outro lado, as divisões de Rangpur e Rajshahi têm uma capacidade de moagem excessiva de 128% e 130%, respetivamente, em relação à produção anual. Estas duas divisões constituem uma zona de produção globalmente excedentária. No interior da divisão, os moinhos não estão estabelecidos de modo uniforme.

Na divisão de Rajshahi, de entre os 8 distritos de Pabna, a capacidade de moagem é a mais elevada (320% em relação à produção anual), com excesso de moinhos. Por outro lado, os distritos de Sirajganj, Rajshahiand e Chapai Nawabganj registam um atraso de 38%, 64% e 78,6%, respetivamente. O distrito de Joypurhat tem uma cobertura moderada, com moinhos com uma capacidade de cerca de 123% em relação à sua produção anual de arroz paddy. Neste distrito, a Upazila de Kalai tem moinhos com a maior cobertura de 225%, enquanto a Upazila de Khetlal está muito atrás, com apenas 71,5% de cobertura.

Assim, pode presumir-se que, devido a esta distribuição não uniforme das fábricas de arroz, ou uma grande quantidade de arroz tem de ser transportada para transformação ou muitas das fábricas não podem continuar a funcionar durante todo o ano com a sua capacidade total. Ou uma boa quantidade de arroz pode ainda estar a ser transformada manualmente ou com simples trituradores. Qualquer um destes casos é causa da ineficiência da operação de transformação do arroz no país.

Com a crescente procura de arroz de melhor qualidade, muitos investidores estão interessados em investir neste sector. Antes de estabelecer uma fábrica muito dispendiosa, devem ser considerados pelo menos alguns factores relativos à localização da fábrica.

A parboilização é um processo hidrotérmico em que a forma cristalina do amido presente no arroz paddy (o grão de arroz do campo) é transformada numa forma amorfa em resultado do inchaço reversível e da fusão do amido. O processo de parboilização produz modificações físicas, químicas e organolépticas no arroz. Assim, este processo apresenta vantagens económicas e nutricionais. Os principais objectivos da parboilização são os seguintes: (1) aumentar o rendimento total e o rendimento em cabeça do arroz; (2) evitar a perda de nutrientes; (3) salvar o arroz húmido ou danificado; e (4) preparar o arroz de acordo com as exigências dos consumidores. Após a parboilização do arroz, o rendimento da moagem é mais elevado devido ao facto de haver menos grãos partidos. A estrutura do grão torna-se compacta, translúcida e brilhante. O valor nutricional do arroz parboilizado é maior devido ao maior teor de vitaminas e sais minerais que se espalharam no endosperma (B. S. Luh & R. R. Mickus, 1991).

A cadeia de abastecimento de uma fábrica de descasque de arroz começa com o transporte de arroz paddy húmido (arroz paddy imediatamente após a colheita, sem qualquer transformação posterior) dos campos de arroz para o local de transformação. O arroz húmido é então seco na instalação de secagem no local de processamento. O arroz paddy seco é depois enviado para uma fábrica de arroz, onde é transformado em arroz integral, arroz quebrado, farelo de arroz e casca de arroz. O arroz integral e as trincas são misturados numa instalação de acondicionamento de arroz para produzir arroz calibrado de diferentes composições. A jusante da fábrica de arroz, os subprodutos são transformados em produtos de valor acrescentado e utilizados como fontes de energia (Xiao *et al.*, 2006).

Se nos centrarmos no sistema de transformação do arroz na Malásia, verificamos que, ao longo dos anos, a transformação do arroz na Malásia tem sido cada vez mais assumida pelo governo. Em 1983, a utilização da capacidade dos lagares privados era de 33%, enquanto os lagares públicos utilizavam mais de 80% da sua capacidade disponível, de acordo com o relatório do National Paddy and Rice Board, 1984. O papel crescente dos complexos governamentais pode ser atribuído ao atual sistema de preços do arroz e ao encerramento de muitas unidades de transformação privadas nos últimos anos (Ghaffar *et al.*, 1988). A intervenção do Estado nas operações de transformação do arroz em casca no Bangladesh é muito diferente da de muitos outros países. No Bangladesh, não existe nenhuma fábrica de arroz estatal, enquanto em muitos países a maior parte da transformação do arroz é feita diretamente por uma agência governamental. No Bangladesh, o governo compra apenas uma pequena parte do arroz/paddy produzido nas épocas de colheita Boro e Aman a uma taxa mais elevada do que o preço de mercado. O Governo não impõe qualquer restrição ao preço de mercado do arroz. Todas as fábricas de arroz privadas são apenas reguladas ou controladas pela agência governamental no Bangladesh. Por conseguinte, estão a ser criadas, dia após dia, modernas fábricas de arroz privadas com a mais recente tecnologia.

CAPÍTULO 3

METODOLOGIA

3.1 Introdução

Este capítulo apresenta a metodologia e o quadro concetual desta investigação, descreve as etapas da investigação através das quais as questões de investigação são respondidas de forma coordenada e, assim, os objectivos da investigação são alcançados com êxito.

A difusão da ciência e do sistema de informação geográfica levou os investigadores de muitas áreas a rever os métodos de investigação ou o processo de procura de soluções para problemas específicos. As ferramentas GIS permitem aos utilizadores captar, gerir, analisar e apresentar eficazmente os seus dados geograficamente referenciados. Atualmente, os investigadores podem processar um maior volume de dados com o SIG num espaço de tempo mais curto e com maior precisão do que anteriormente. Além disso, um processo analítico semelhante pode ser facilmente repetido para diferentes conjuntos de dados. As tarefas de mão de obra intensiva de antigamente podem agora ser executadas em minutos ou mesmo segundos no computador. É menos provável que os investigadores sejam limitados pelo tempo de computação. Atualmente, não há necessidade de evitar trabalhar com grandes volumes de dados quando se exploram novas formas de os processar. Consequentemente, foram desenvolvidas novas abordagens para a exploração de dados espaciais e não espaciais, a fim de executar processos que antes eram apenas um sonho. O elevado nível de comercialização da tecnologia SIG também elevou a utilização do SIG a um nível mais alto do que nunca. Com programas informáticos disponíveis para todos a um custo razoável, o mapeamento de dados geográficos complexos e a sobreposição de camadas de dados temáticos para a seleção de locais tornaram-se tarefas de rotina (Lee & Wong, 2001). A seleção de locais é um problema espacial que requer a introdução de grandes volumes de dados biofísicos, ambientais e sociopolíticos. Os recentes avanços nos SIG desenvolveram técnicas para selecionar, classificar e mapear sítios adequados (ou inadequados) para um fim específico. Neste estudo, para selecionar locais adequados para moinhos de arroz automáticos, são considerados principalmente dois aspectos. Um é o impacto ambiental, ou seja, os riscos para a saúde devido ao funcionamento de fábricas de arroz de grande capacidade perto das zonas residenciais. O segundo é o volume de arroz produzido pelos agricultores na localidade. Assim, a distância dos aglomerados humanos, ou seja, das zonas residenciais, é considerada o fator mais importante. Outros factores relacionados, como a proximidade de uma rede de estradas asfaltadas, a proximidade de linhas de abastecimento de energia, a distância de rios, caminhos-de-ferro e massas de água, também são considerados. O diagrama de fluxo simples da metodologia do estudo é apresentado na Figura 3.1.

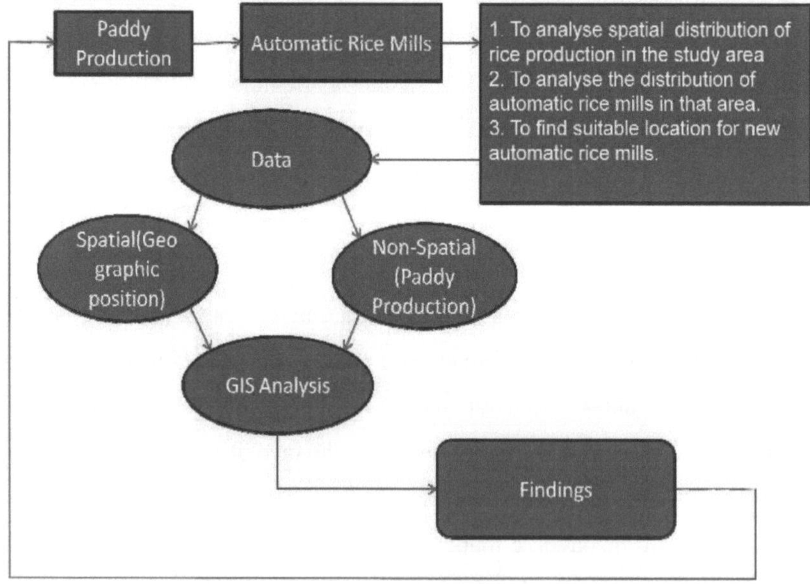

Figura 3.1 Diagrama de fluxo da metodologia

3.2 Recolha de dados

Foram recolhidos e analisados dados primários e secundários para este objetivo de investigação. As fontes são as seguintes

3.2.1 Inquéritos primários

i) Registo da posição geográfica dos moinhos, mercados ou *arots* (pontos de venda por grosso de arroz/paddy) e armazéns de alimentos pertencentes ao governo, utilizando uma máquina GPS.

ii) Entrevista de todos os descascadores de arroz automáticos e outros descascadores proeminentes através de um questionário estruturado (Apêndice A). É efectuada uma discussão aberta com as agências externas e personalidades relevantes.

3.2.2 Fontes secundárias

Os dados oficiais são recolhidos diretamente nos gabinetes locais das agências governamentais em causa na área de estudo e também nas suas sedes. Assim, os dados são objeto de um controlo cruzado. A informação útil é recolhida através da revisão de artigos da literatura, documentos de política em causa, documentos de diferentes agências governamentais, relatórios, revistas, livros, portais Web, etc.

3.2.3 Lista de dados, seu tipo e fonte

Neste estudo são utilizados dados espaciais e não espaciais. A lista de dados, o seu tipo ou natureza e fontes são mencionados no Quadro 3.1.

Quadro 3.1 Lista de dados

Não	Dados	Tipo	Origem e natureza
1	Posição geográfica das fábricas automáticas de arroz, mercados de arroz paddy e armazéns públicos existentes	Registo da posição geográfica	É registado através de uma máquina GPS
2	Informações básicas sobre a moagem de todos os moinhos	Opiniões dos moleiros sobre os	A entrevista é efectuada através

	automáticos e de alguns dos principais moinhos de descasque	novos moinhos de arroz automáticos	de um questionário estruturado
3	Produção anual de arroz	Folha de Excel	Departamento de Extensão Agrícola GOB
4	Número de fábricas de descasque de arroz e respectiva capacidade	Folha de Excel	Departamento da Alimentação, GOB
5	Estradas	Mapa	LGED, GOB
6	Área de liquidação	Mapa	CEGIS, GOB
7	Massas de água	Mapa (digitalizado)	Mapa de fonte aberta (LGED, GOB)
7	Rio	Mapa	Mapa de código aberto
8	Linha de distribuição de eletricidade	Mapa	REB, GOB
9	Limite do país	Mapa	Mapa de código aberto
10	Limite do distrito	Mapa	CEGIS, GOB
11	Mapa de limites da Upazila (subdistrito) com os limites da união/bloco	Mapa (Processado)	CEGIS, GOB

3.3 Análise de dados

Utilizando o software ArcGIS10.1, é efectuada a análise dos dados necessários para este estudo. É criado um modelo de adequação com as ferramentas de extensão ArcGIS Spatial Analyst, que é utilizado para encontrar locais candidatos adequados para novos moinhos de arroz automáticos. Os conjuntos de dados de entrada neste processo são a utilização do solo, especialmente o mapa da área de povoamento/área residencial, rios, massas de água, rede rodoviária, caminhos-de-ferro e linhas de distribuição de eletricidade. A Figura 3.2 mostra o diagrama simples da análise de dados efectuada neste estudo.

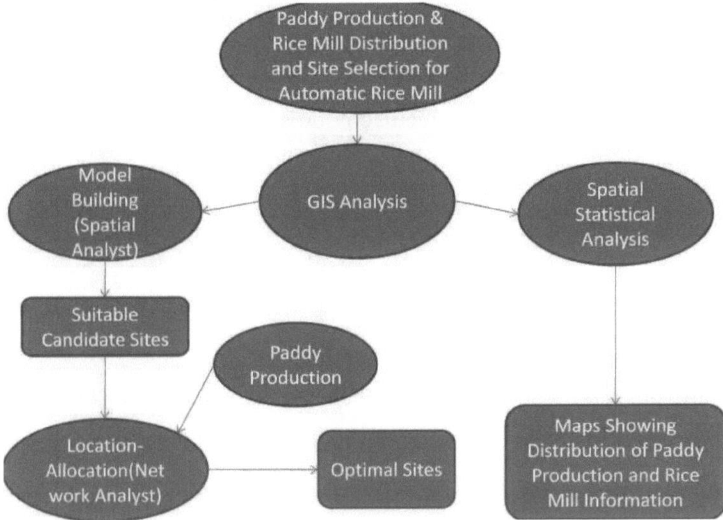

Figura 3.2 Diagrama de fluxo da análise espacial

As informações sobre o volume de produção anual de arroz e os moinhos existentes nos distritos de todo o país são utilizadas para efetuar a análise estatística espacial. A análise estatística espacial também é efectuada com base nos dados relativos ao volume de produção anual de arroz e ao número de agricultores em sindicatos na zona de estudo, ou seja, no distrito de Joypurhat.

3.3.1 Análise espacial

Das três questões de investigação, as duas primeiras dizem respeito à distribuição espacial da produção de arroz e da capacidade de moagem dos moinhos de arroz em todo o Bangladesh e também na área de estudo. A produção de arroz por distrito e divisão, a capacidade total de moagem e a capacidade de moagem dos moinhos automáticos foram classificadas e, utilizando simbologia, estas classificações foram apresentadas em mapas. A densidade da produção de arroz (produção por quilómetro quadrado) nos distritos e divisões foi também classificada utilizando quebras naturais. Para além disso, foi também mapeada a classificação da capacidade de moagem normalizada pela produção anual de arroz.

3.3.2 Estatísticas espaciais

Para o mapeamento dos agrupamentos do volume de produção de arroz e da capacidade de moagem, são efectuados dois tipos de análises estatísticas espaciais: a) análise de agrupamentos e de valores atípicos (estatísticas I de Moran locais de Anselin) e b) análise de pontos quentes (Getis-Ord Global G) para verificar os agrupamentos. A estatística I de Moran só pode detetar a presença do agrupamento de valores semelhantes sem indicar se os valores são altos ou baixos. É por esta razão que, neste estudo, é efectuada a análise HotSpot, ou seja, a estatística G local. A estatística G local separa os agregados de valores elevados dos agregados de valores baixos, o que o I de Moran, quer geral quer local, não pode oferecer. Na análise HotSpot, um grupo de pontuações Z positivas elevadas sugere a presença de valores elevados ou Hot Spot. Do mesmo modo, um grupo de pontuações Z negativas elevadas sugere um grupo de valores baixos ou "Cold Spot".

Geralmente, a análise de padrões é efectuada na investigação SIG para revelar se um padrão de distribuição é aleatório, disperso ou agrupado. Existe sempre um processo por detrás de qualquer padrão espacial; a distribuição espacial de um fenómeno em circunstâncias normais não ocorre ao acaso. O objetivo final é conhecer o processo responsável por qualquer padrão detectado. Se não houver padrão, então não há processo, logo é aleatório.

3.4 Caraterísticas da seleção do local

Church & Murray (2009) consideram que, em geral, existem algumas leis comuns das teorias de localização. Classificaram estas leis em três grupos

a) Devido a certas razões específicas, algumas localizações são melhores do que outras alternativas. De acordo com esta lei, os decisores dos problemas de localização de instalações devem procurar as opções de localização óptimas ou quase óptimas.

b) As caraterísticas espaciais de qualquer local afectam as eficiências de localização de um local.

c) Num problema de localização de várias instalações, os locais devem ser selecionados tendo em conta todos os factores ao mesmo tempo.

No seu livro, Church e Murray sugeriram as principais etapas da análise da adequação dos sítios. Em primeiro lugar, identificar as principais camadas de atributos com papéis influentes na adequação do local e recolher os dados relevantes para cada alternativa de localização. Em segundo lugar, determinar o método de adequação do local. Em terceiro lugar, efetuar a avaliação da adequação do local para classificar as alternativas de localização.

Sumathi, Natesan e Sarkar (2008) propuseram um algoritmo, utilizando uma abordagem multicritério e a técnica SIG, para identificar a localização mais adequada numa zona urbana para um aterro sanitário. Os critérios de decisão na metodologia proposta foram classificados em dois conjuntos de parametrização de restrições, que eliminam localizações inadequadas e critérios de avaliação chave. Este processo de eliminação facilitou a identificação da localização mais adequada para a instalação. Os critérios de avaliação foram classificados em uso do solo, hidro-geológicos e de qualidade do ar. Para a localização de grandes projectos eólicos, Berkhuizen, De Vries, & Slob (1988) propuseram que a decisão pode ser processada a três níveis - nacional, regional e local - para determinar a área mais adequada.

A sociedade atual caracteriza os problemas de seleção de locais pelos seus múltiplos objectivos e pelas numerosas partes interessadas. Para abordar a complexidade do processo de seleção do local, é feita uma breve descrição dos factores que geralmente caracterizam o problema e afectam a seleção final (Malczewski, 2006).

Numerosos locais possíveis - Existem normalmente centenas de locais potenciais numa região de interesse que podem ser escolhidos para uma instalação específica. Cada um destes locais satisfaz os critérios de seleção a níveis variáveis.

Objectivos múltiplos - Encontrar uma contradição entre os múltiplos objectivos de um processo de seleção de um local é um fenómeno muito comum. Por exemplo, o objetivo de manter um investimento de capital mínimo pode estar em contradição com o objetivo de manter um ambiente seguro a longo prazo.

Objectivos intangíveis - Muitos objectivos não dispõem de meios de medição quantitativa. Por exemplo, a deterioração estética da vista de um cenário natural de montanha em resultado da instalação de torres/linhas de transmissão. A perturbação social sentida por uma comunidade devido ao esperado afluxo rápido de trabalhadores durante o processo de construção ou outras questões semelhantes podem ser alguns exemplos.

Diversidade de grupos de interesse - Para além da sua própria organização, vários grupos públicos também influenciam frequentemente as decisões dos proprietários/investidores. Os consumidores, os cidadãos locais, os ambientalistas, os comités do património e grupos semelhantes podem ter impacto na decisão. O órgão de gestão, os acionistas e os empregados da organização do proprietário podem ter posições diferentes em relação a um local selecionado.

Avaliação do impacto - A atribuição de um valor ao impacto de cada objetivo pode ser problemática. Não basta afirmar que haverá ou não haverá algum impacto. É necessário um valor (número ou quantidade) para apoiar o processo de comparação.

Calendário do impacto - O impacto de interesse na maioria dos estudos de sessão pode não ocorrer todo ao mesmo tempo e pode/não continuar durante o tempo de vida do projeto.

Incertezas de impacto - É praticamente impossível prever com exatidão os possíveis impactos de todos os factores que afectam a seleção do local para uma instalação. Existem sempre algumas incertezas quanto aos resultados ambientais, custos reais, acidentes e questões semelhantes.

Atrasos - Os atrasos no licenciamento e na construção são exemplos de problemas comuns imprevisíveis que podem ter um impacto significativo na viabilidade económica do projeto.

Fiabilidade do funcionamento - Fenómenos naturais incontroláveis e imprevisíveis, como tempestades, inundações, quedas de árvores e fenómenos semelhantes, podem ter impacto na adequação do local e aumentar a incerteza do processo.

Trocas de valor - As decisões relativas a trocas de valor, especialmente entre múltiplos objectivos contraditórios, constituem desafios para o decisor.

Equidade - Determinar a equidade e a justiça entre todos os grupos de interesses pode ser uma tarefa difícil que envolve juízos de valor complexos.

Atitudes **de risco das partes interessadas** - A determinação e compilação das atitudes das partes interessadas é importante para a seleção adequada de um local. Isto é particularmente difícil devido às muitas incertezas e ao possível grande número de partes interessadas que podem estar envolvidas no processo de seleção do local.

Incertezas nas decisões governamentais - As acções do órgão governamental de um país podem ter uma grande influência na conveniência relativa, ao longo do tempo, de vários locais para uma instalação proposta. No entanto, as decisões de localização devem ser tomadas atempadamente e as incertezas sobre as futuras acções governamentais estarão sempre presentes.

3.5 Construção de modelos para uma seleção adequada do local

As técnicas de modelação são uma extensão natural da análise espacial. A extensão ArcGIS Spatial Analyst fornece um conjunto rico de ferramentas e capacidades para efetuar uma análise espacial abrangente. Esta extensão pode utilizar uma vasta gama de formatos de dados para combinar conjuntos de dados, interpretar novos dados e efetuar operações complexas. Exemplos da análise que pode ser efectuada com o Spatial Analyst incluem a análise do terreno, a modelação da superfície, a interpolação da superfície, a modelação da aptidão, a análise hidrológica, a análise estatística e a classificação de imagens. Os principais componentes do Spatial Analyst são

A) Ferramentas de geoprocessamento - A forma mais comum de aceder à funcionalidade do Spatial Analyst é através das ferramentas de geoprocessamento. Este ambiente rico permite organizar e executar de forma rápida e fácil as ferramentas necessárias para completar as tarefas analíticas, bem como fornecer um mecanismo para automatizar, documentar e partilhar os fluxos de trabalho criados. No quadro de geoprocessamento, as operações do Spatial Analyst são efectuadas de três formas: (1) Executar diálogos de ferramentas individuais, (2) Combinar ferramentas com ModelBuilder para automatizar fluxos de trabalho e criar modelos espaciais, e (3) Automatizar fluxos de trabalho e criar novas ferramentas com Python.

B)Map Algebra - É uma poderosa linguagem algébrica para efetuar análises raster. No ArcGIS 10, a Álgebra de Mapas está agora totalmente integrada no ambiente Python. Existe também uma ferramenta Raster Calculator que permite criar facilmente expressões de Álgebra de Mapas numa caixa de diálogo de ferramenta ou no ModelBuilder.

C)A barra de ferramentas do Spatial Analyst - Fornece algumas ferramentas interactivas úteis para a exploração simples dos dados raster.

D) Barra de ferramentas de classificação de imagens - Com esta ferramenta, é possível obter dados raster multibanda, tais como fotografias aéreas ou imagens de satélite, e criar rasters classificados, tais como camadas de utilização do solo ou de cobertura vegetal, que podem ser utilizados em análises posteriores ou para criar mapas.

Com a extensão ArcGIS Spatial Analyst no ArcGIS 10.1, a análise espacial pode ser efectuada nos dados. Pode fornecer respostas a questões espaciais simples, tais como: Qual é o declive neste local? e Qual é a direção para onde este local está virado? Pode também encontrar respostas para questões espaciais mais complexas, tais como Qual é a melhor localização para uma nova instalação? e Qual é o caminho menos dispendioso de A para B? O conjunto abrangente de ferramentas de análise espacial do ArcGIS facilita a exploração e análise de dados espaciais e permite-nos encontrar soluções para os problemas espaciais. As ferramentas podem ser executadas a partir da caixa de ferramentas do Spatial Analyst ou da janela Python, acessível através de qualquer aplicação ArcGIS for Desktop. Podem ser organizados conjuntos de ferramentas personalizados (modelos ou scripts) para executar uma sequência de ferramentas de uma só vez.

3.6 Quadro concetual

O quadro concetual de um estudo é o sistema de conceitos, pressupostos, expectativas, crenças e teorias que apoia e informa a investigação. É uma parte essencial da conceção (Robson, 1997). Um quadro concetual é definido como um produto visual ou escrito que explica, de forma gráfica ou narrativa, os principais aspectos a estudar, os factores-chave, os conceitos, as variáveis e as presumíveis relações entre eles (Huberman & Miles, 2002). A Figura 3.3 apresenta o quadro concetual deste estudo.

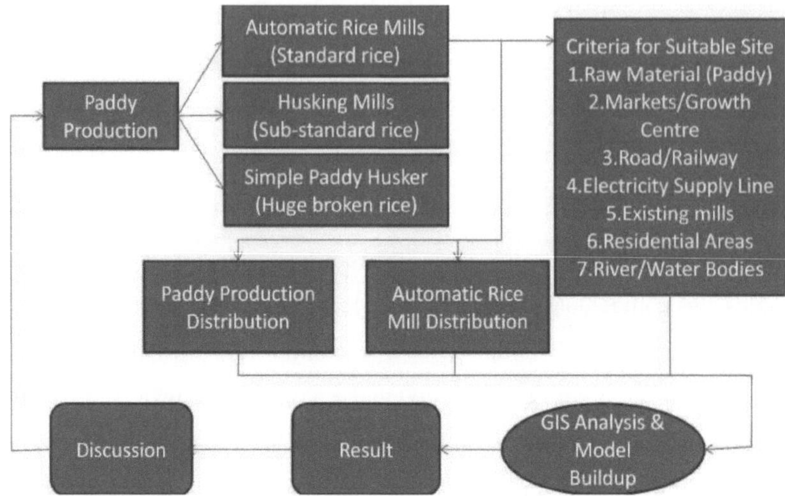

Figura 3.3 Quadro concetual do estudo

3.6.1 Factores substanciais para a instalação de uma unidade de transformação

A localização geográfica de uma fábrica pode ter uma forte influência no êxito do projeto industrial. Deve ser aplicada uma prudência considerável na seleção do local da fábrica e devem ser considerados vários factores (anónimo). Vários factores que devem ser considerados para a seleção do local de implantação de uma unidade de transformação são os seguintes

> *Localização em relação à área de comercialização* Para os materiais produzidos a granel e quando o custo de transporte representa uma parte significativa do preço de venda por tonelada, a fábrica deve estar localizada perto do mercado primário. Esta consideração será menos importante para produtos de baixo volume de produção e de preço elevado.

> *Disponibilidade de matérias-primas* A disponibilidade e o preço de matérias-primas adequadas determinam frequentemente a localização do local. As unidades de transformação de produtos agrícolas perecíveis são mais rentáveis se estiverem localizadas perto do centro de crescimento.

> *Meios de transporte (rodoviário, ferroviário e fluvial)* O modo de transporte das matérias-primas e dos produtos de e para a fábrica tem

prioridade na seleção do local. Deve ser selecionado um local que esteja próximo de, pelo menos, dois meios de transporte principais: rodoviário, ferroviário, fluvial ou marítimo.

> *Disponibilidade de mão de obra* A disponibilidade de mão de obra a salários razoáveis desempenha um papel muito importante na seleção do local para qualquer unidade de transformação.

> *Disponibilidade de serviços públicos (água, energia eléctrica, combustível)* A disponibilidade de serviços relacionados com o funcionamento de qualquer processo de produção é muito importante. Os três principais serviços de utilidade pública são a eletricidade, a água e o gás/combustível.

> *Disponibilidade e qualidade dos* terrenos Para garantir a disponibilidade e a qualidade dos terrenos, devem ser efectuados levantamentos geológicos com antecedentes sísmicos.

> *Impacto ambiental e sistemas de eliminação de efluentes* Todos os processos industriais produzem produtos residuais. Por isso, há que ter em conta a sua eliminação. Deve haver uma ampla margem para a sua eliminação no lado que está a ser considerado.

> *Considerações sobre a comunidade* local A instalação proposta deve integrar-se na comunidade local e ser aceite por esta.

> *Clima (incluindo as principais direcções dos ventos)* As condições climáticas adversas no local aumentarão os custos.

> *Considerações políticas e estratégicas* As condições e estratégias políticas devem ser favoráveis à fábrica.

> Possibilidade *de expansão futura* Para apoiar o progresso contínuo da fábrica, deve haver possibilidade de expansão futura.

A Figura 3.4 mostra os factores ou questões que devem ser considerados para a instalação de fábricas de descasque de arroz.

Figura 3.4 Factores a considerar na seleção do local adequado para o moinho de arroz automático

3.6.1 Critérios de seleção para as fábricas de arroz

De acordo com a Regra de Conservação Ambiental do Bangladesh de 1997, os moinhos de arroz são classificados na categoria (B) LARANJA - A (GoB, 1997). A direção desta regra é a seguinte

(a) Nenhuma unidade industrial desta categoria (B) pode estar localizada numa zona residencial.

(b) As unidades industriais devem localizar-se preferencialmente em zonas declaradas como zonas industriais ou em zonas de concentração de indústrias ou em zonas devolutas.

(c) As unidades industriais que produzem som, fumo e odores para além do limite permitido não são aceitáveis nas zonas comerciais.

A s de acordo com as orientações elaboradas e aprovadas pelo Conselho Central de Controlo da Poluição (CPCB), Ministério do Ambiente e das Florestas, Governo da Índia, Nova Deli (Conselho Central de Controlo da Poluição [CPCB], 2012), as condições para a instalação de uma fábrica de descasque de arroz são as seguintes

1. As fábricas de arroz não podem ser instaladas a menos de 1 km da aldeia recenseada e das zonas autorizadas notificadas, ou seja, das zonas de povoamento.

2. O limite da nova fábrica de descasque de arroz deve manter a seguinte distância mínima e o direito de passagem da

i) A autoestrada nacional será de -100 m

ii) A autoestrada nacional será de - 50 m

iii)   Os caminhos de aldeia devem ter - 25 m

3. Deve ser plantada uma densa plantação de árvores de copa extensa ao longo de todo o muro de delimitação da fábrica de arroz. Para as fábricas de arroz de maior capacidade (processamento de mais de 20 toneladas de arroz por hora), deve ser criada uma faixa verde de 3 m de largura. Para outros tipos de fábricas, devem ser plantadas pelo menos duas filas de árvores ao longo do muro de delimitação.

A Figura 3.5 apresenta critérios importantes para a adequação do local de implantação de fábricas automáticas de descasque de arroz.

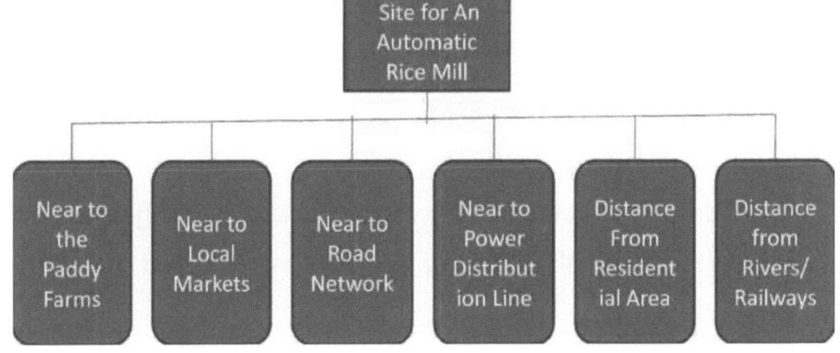

Figura 3.5 Critérios de adequação do local para a instalação de um moinho de arroz automático

Segundo um perito indiano no sector da moagem de arroz, VaivJais (2013), as considerações mais importantes para estabelecer uma fábrica de descasque de arroz são

Necessidade de terra Dependendo da capacidade de processamento da unidade de negócio, é importante decidir a área de terra agrícola em acres necessária para várias operações. Além disso, o terreno deve ter uma elevação em relação ao solo, uma vez que as zonas baixas não são adequadas para a transformação. Outro fator importante é que a área que escolhemos para instalar a fábrica de arroz deve estar bem ligada à rede rodoviária e deve ter um sistema de drenagem adequado.

Disposição e construções Outro fator importante para o sucesso do negócio de moagem de arroz é a disposição. As várias construções devem ser feitas de forma a oferecerem operações suaves e uma utilização óptima do espaço. As estruturas importantes necessárias nesta direção incluem armazéns e depósitos para armazenar o arroz em bruto, bem como o arroz transformado. Os galpões onde a unidade de processamento de arroz está instalada, a unidade de limpeza, a área de parboilização e outras secções semelhantes devem ser cuidadosamente atribuídos.

Recursos importantes A disponibilidade de energia é outra consideração importante para o bom funcionamento dos moinhos de arroz e de outras máquinas eléctricas. Para além disso, os geradores devem ser organizados como sistemas de apoio de reserva. O fornecimento ininterrupto de água também é necessário para os processos como a parboilização.

3.7 Processo de seleção do local do estudo

A formação do modelo cartográfico para encontrar locais adequados para a instalação de novos moinhos de arroz automáticos é efectuada através das seguintes etapas

1. Captação das zonas que preenchem os requisitos básicos para a instalação de uma fábrica automática de arroz, tendo em conta a proximidade de estradas asfaltadas e de linhas de alimentação eléctrica.

2. Exclusão das zonas de acesso restrito, tais como massas de água, distância

mínima de proteção das zonas residenciais, dos rios, das estradas e dos caminhos-de-ferro que não são adequados para a instalação de moinhos de arroz automáticos.

3. Seleção de locais candidatos adequados através da extração de polígonos das áreas adequadas com a área mínima de terreno necessária para a instalação de um moinho de arroz automático.

3.8 Seleção de sítios candidatos adequados

O objetivo de um estudo de seleção de locais é encontrar o melhor local com as condições desejadas que satisfaçam critérios de seleção pré-determinados (Davis, 2001). Normalmente, o processo de seleção de um local envolve duas fases principais

1) Seleção de sítios - identificação de um pequeno número de sítios candidatos a partir de uma vasta área geográfica, utilizando uma série de factores de seleção.

2) Avaliação do local - exame aprofundado de cada local candidato para determinar o mais adequado (Mak, 1999). O processo de seleção procura otimizar uma série de objectivos para determinar a adequação de um determinado local a uma instalação definida. Esta otimização envolve frequentemente uma multiplicidade de factores que são por vezes contraditórios por natureza.

Os métodos baseados em vectores são mais frequentemente aplicados para identificar locais adequados para vários fins. Por exemplo, o SIG vetorial tem sido utilizado para identificar lixeiras na Malásia (Yagoub & Buyong, 1998), aterros sanitários nos Estados Unidos (Herzog, 1999) e na Turquia (Basaiaoclu, Celenk, Mariulo, & Usul, 1997) e locais de aplicação de resíduos animais na Austrália (B. B. Basnet *et al.*, 2001). Este método pode produzir um mapa que descreve os locais adequados, mas quando é necessário classificar as áreas em vários graus de adequação, deve ser considerado o método baseado em GRID (raster) (B. Basnet, Apan, & Raine,

2000).

A seleção de sítios através de um método baseado em imagêns em conjunto com o modelo de combinação linear ponderada (WLC) é um método popular. O WLC é um modelo matemático disponível para delinear e classificar sítios adequados para fins específicos. Este modelo foi utilizado para identificar e classificar locais adequados para a aplicação de resíduos de esgotos (Hendrix & Buckley, 1992), enchimento de terrenos (Siddiqui, Everett, & Vieux, 1996), aplicação de estrume (Jain, Tim, & Jolly, 1995) e abrigos de evacuação de emergência (Kar & Hodgson, 2008).

Os métodos tradicionais de seleção de sítios SIG baseiam-se na transformação de camadas efectivas num mapa classificado, utilizando o modelo booleano (Louviere, Hensher, & Swait, 2000). Para a seleção de sítios industriais em Isfahan, no Irão (Reisi *et al.*, 2011), utilizaram o modelo booleano. Detectaram quatro locais adequados para utilização industrial, mas não seguiram qualquer passo ou processo para encontrar a localização ou local ótimo entre esses quatro locais. No seu estudo, Mustahidur Rahman e Susmita Chakraborty (2010) utilizaram o modelo Heurístico Alternado, ou seja, uma abordagem de localização-alocação, para encontrar os locais óptimos para as grandes superfícies comerciais a partir das suas localizações existentes na cidade de Dhaka, no Bangladesh.

Neste estudo, para encontrar os locais ideais para a instalação de moinhos de arroz automáticos, são executados dois tipos de análise SIG em duas fases. Utilizando a extensão Spatial Analyst, é preparado um modelo para encontrar locais candidatos adequados. Em seguida, aplicando a abordagem de atribuição de localização e considerando o volume de produção de arroz em casca como o peso dos pontos de procura, são detectados os locais óptimos para os moinhos de arroz automáticos.

Os critérios de avaliação utilizados neste estudo para efeitos de seleção do local são a distância de estradas e caminhos-de-ferro, a distância de zonas residenciais, a distância de rios, a distância de massas de água e a distância da linha de abastecimento de eletricidade ou da linha de alimentação. Estes critérios são categorizados como condições favoráveis ou instalações e restrições obrigatórias. A abordagem para a preparação de camadas através do model builder é explicada de seguida:

3.8.1 Facilidades obrigatórias ou condições favoráveis

A partir dos dados primários recolhidos no terreno na área de estudo, verificou-se que existem alguns requisitos básicos ou a proximidade de algumas instalações que são necessárias para a instalação de uma fábrica de descasque de arroz. Em primeiro lugar, a facilidade de comunicação rodoviária (estradas asfaltadas) deve estar a uma distância mínima para o transporte de arroz. A segunda instalação mais importante é a eletricidade. A maioria dos inquiridos opina que a comunicação rodoviária deve estar a uma distância de 100m e a linha de distribuição de eletricidade ou linha de alimentação deve estar a uma distância máxima de 100m do local da fábrica. A disposição da operação de Intersecção dos critérios obrigatórios é mostrada na Figura 3.6.

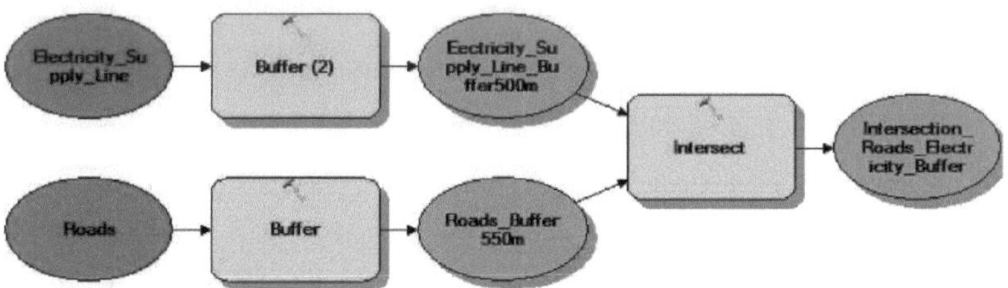

Figura 3.6 Intersecção dos Critérios Obrigatórios (Estradas e Tampão da Linha de Abastecimento Elétrico).

Depois de manter uma certa distância de qualquer caraterística, como estradas, o local adequado em si terá alguma dimensão. A partir do estudo, verifica-se que uma fábrica de arroz automática padrão requer cerca de 25 000 metros quadrados de área de terreno (Anónimo, 2001). A dimensão do terreno pode ser de 250x100 ou 200x125 ou outras combinações diferentes.

Considerando este pressuposto, são considerados locais adequados até uma distância de 500m da linha de distribuição de energia e 550m (500m após 50m de distância) de estradas asfaltadas. As especificações utilizadas para os critérios obrigatórios são apresentadas na Tabela 3.2.

Quadro 3.2 Condições favoráveis de aptidão

Factores	Comentário	Referência
Rede Rodoviária Metálica	Distância máxima admissível 550 metros Buffer (50 metros de distância)	Perceção dos inquiridos
Linha de abastecimento de eletricidade	Distância máxima permitida 500 metros Tampão	Perceção dos inquiridos

3.8.2 Restrições ou restrições

Existem algumas restrições fortes na seleção de locais para a instalação de um moinho de arroz em qualquer área. Obviamente, a distância das zonas residenciais é o fator mais importante. O Conselho Central de Controlo da Poluição da Índia dá instruções para manter uma distância mínima de 1 km das áreas residenciais. A maioria dos inquiridos na área de estudo também concordou com esta distância mínima. Outra restrição é manter uma distância mínima de diferentes estradas. O Conselho Central de Controlo da Poluição da Índia dá instruções para manter os moinhos de arroz a uma distância mínima de 100 m das vias rápidas nacionais, 50 m das auto-estradas estatais e 25 m das estradas das aldeias. Muitos dos inquiridos, ou seja, os proprietários de fábricas de arroz, querem instalar as fábricas a menos de 100 m de distância de estradas asfaltadas. Como apenas uma pequena parte das estradas asfaltadas na área de estudo são estradas nacionais, a distância mínima de 50m das estradas é mantida para este estudo. O Bangladeche é o país vizinho mais próximo da Índia e está rodeado principalmente pela Índia.

Além disso, as condições socioeconómicas, a densidade populacional e as práticas agrícolas são praticamente as mesmas. Além disso, a área de estudo é um distrito fronteiriço da província indiana de Bengala Ocidental. Assim, as normas para a instalação de fábricas de arroz na Índia podem ser facilmente seguidas para este estudo.

Uma grande maioria dos inquiridos considera que deve ser mantida uma distância mínima de 100 m dos rios para a instalação de uma fábrica automática de arroz, a fim de evitar o risco de deslizamento de terras ou inundações repentinas. Outras massas de água, para além dos rios, também não são adequadas para o local. Por razões de segurança, é mantida uma pequena distância de apenas 10 m das massas de água. Uma vez que uma certa área de terreno é propriedade da autoridade ferroviária em torno das linhas férreas, deve ser mantida uma distância livre das linhas férreas. Esta distância pode ser de 100 m em ambos os lados.

Toda a área de estudo é quase plana e não existem colinas ou florestas. É principalmente uma localidade baseada na agricultura e as áreas residenciais estão espalhadas por quase todo o distrito. Tal como em todo o país, a área de estudo é muito populosa e as zonas de povoamento estão próximas umas das outras. Torna-se realmente muito difícil manter a distância mínima exigida de todas as zonas de povoamento.

De facto, após a criação de uma zona tampão de 1000 m em torno de cada área de povoamento e a imposição de restrições a essas áreas, não resta praticamente nenhuma superfície de terra adequada para a seleção de um local. Só foi possível encontrar um sítio candidato adequado se fosse mantida uma distância de 1000 m de todas as zonas de povoamento, como mostra a Figura 3.7. A partir do mapa da figura 3.8, verifica-se que não existe um local ótimo para a instalação de moinhos automáticos na área de estudo se for mantida uma restrição de 1000 m de distância de todas as zonas de povoamento

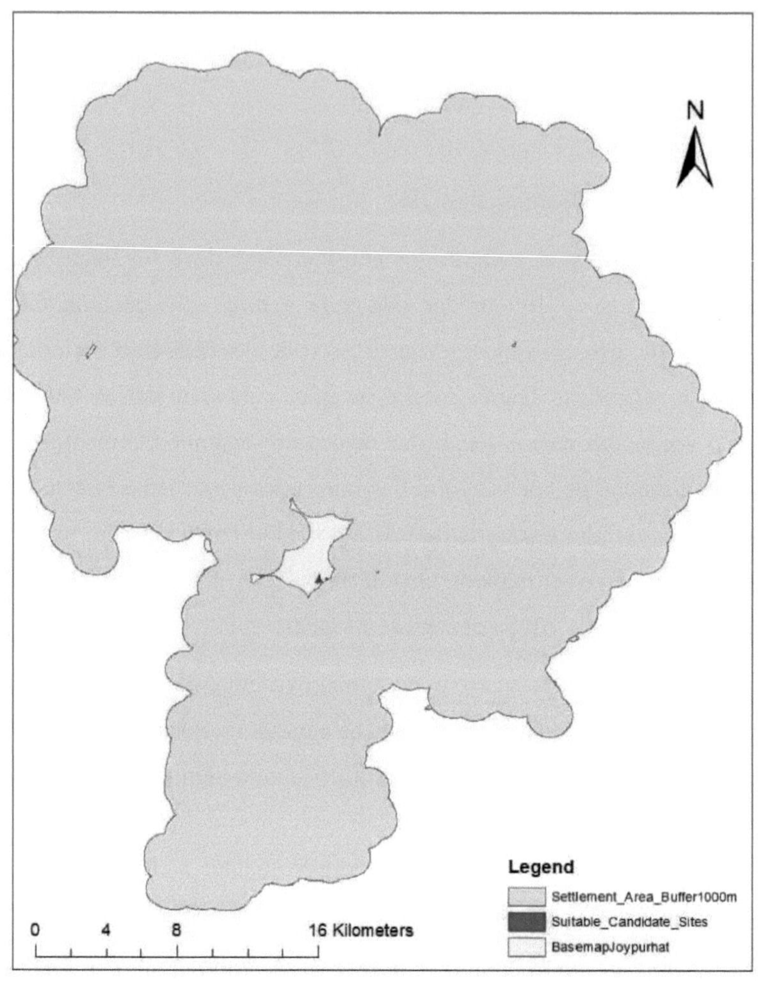

Figura 3.7 Sítios candidatos adequados com um tampão de 1000 m em redor de todas as áreas de povoamento

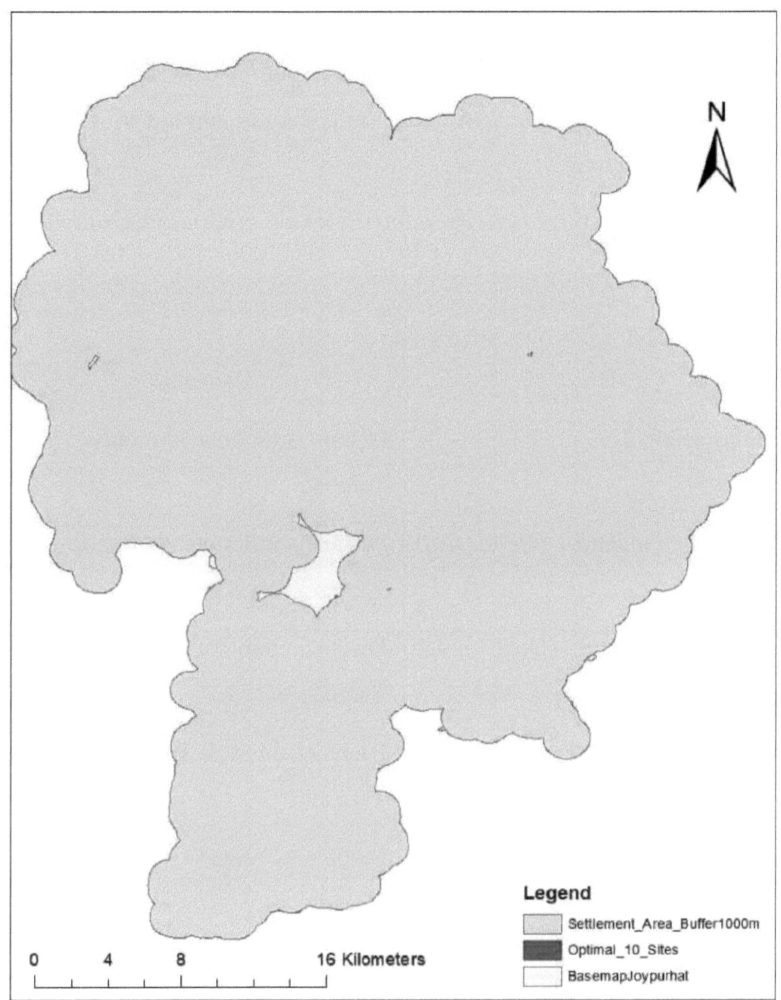

Figura 3.8 Sítios óptimos com um tampão de 1000 m em redor de todas as áreas de povoamento

É por isso que as áreas totais de povoamento são distribuídas em três mapas separados com base na área de metros quadrados dos polígonos. Estes são

1. Área de assentamento-1 mapa contendo polígonos de área até 100.000 metros quadrados. Um buffer de 200m foi criado em torno desses polígonos.

2. Área de assentamento-2 mapa contendo polígonos de área entre 100.000 e 200.000 metros quadrados. Um buffer de 500m foi criado em torno desses

polígonos.

3. Área de povoamento - mapa contendo polígonos de área superior a 200.000 metros quadrados. Um buffer de 1000m de largura foi criado em torno desses polígonos.

As especificações utilizadas para as restrições ou critérios de restrição são apresentadas em
Quadro 3.3

Quadro 3.3 Limitações ou restrições de adequação

Factores	Comentário
Estradas asfaltadas	Distância mínima 50 metros Tampão
Zona de povoamento-1 (menos de 0,1 km2)	Distância mínima 200 metros Tampão
Área de povoamento - (De 0,1 a 0,2 km2)	Distância mínima 500 metros Tampão
Zona de povoamento-1 (mais de 0,2 km2)	Distância mínima 1000 metros Tampão
Rios	Distância mínima 100 metros Tampão
Massas de água	Distância mínima 10 metros Tampão
Caminhos-de-ferro	Distância mínima 100 metros Tampão

A figura 3.9 mostra a disposição cartográfica para combinar as restrições, ou seja, a operação da ferramenta UNION dos critérios de restrição. O fluxo da operação de combinação de restrições com critérios de favorecimento é apresentado na Figura 3.10. A deteção da área adequada, a seleção dos sítios candidatos adequados e o modelo cartográfico completo são apresentados na

Figura 3.11, na Figura 3.12 e na Figura 3.13, respetivamente.

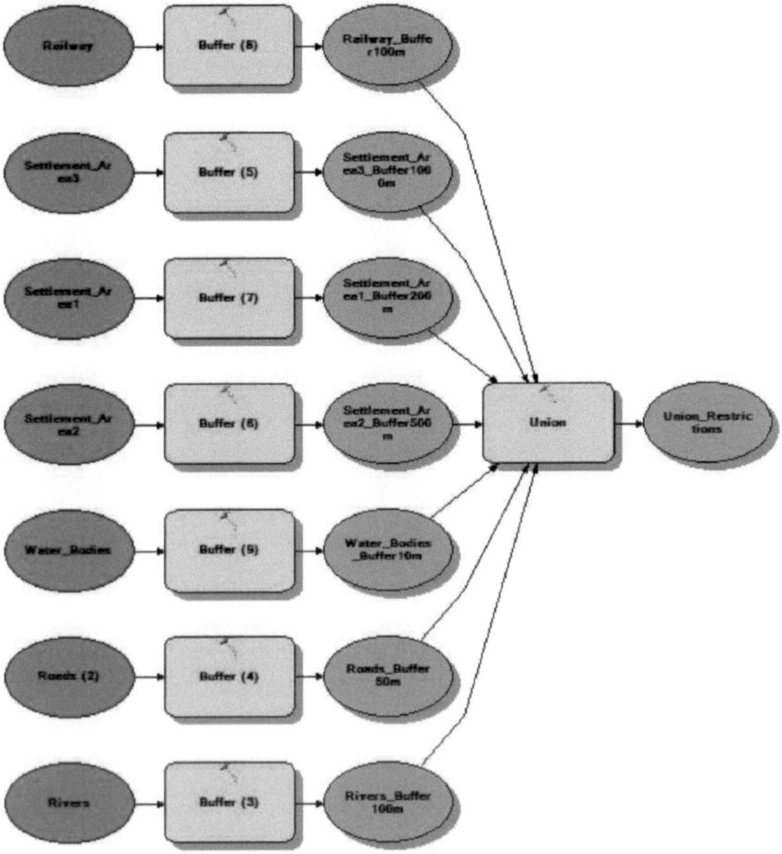

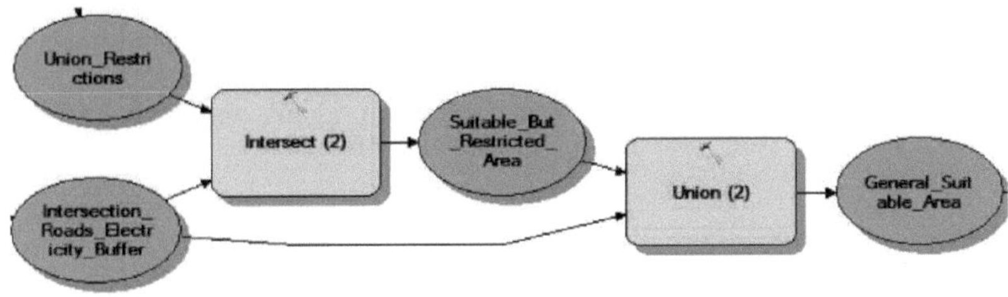

Figura 3.9 Combinação de critérios de restrição

Figura 3.10 Combinação de restrições e critérios de favorecimento

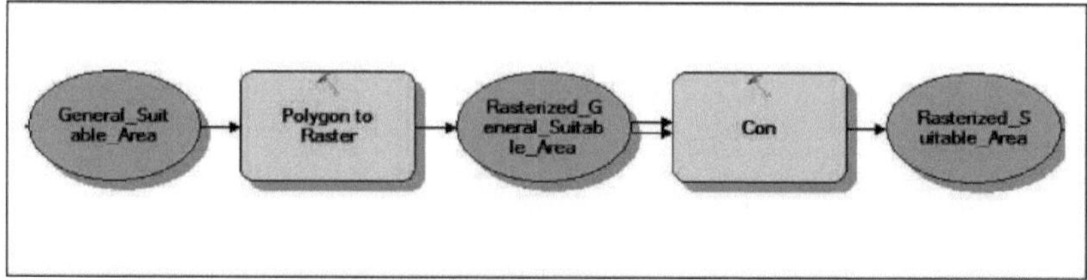

Figura 3.11 Deteção de áreas adequadas

Figura 3.12 Seleção de sítios candidatos adequados

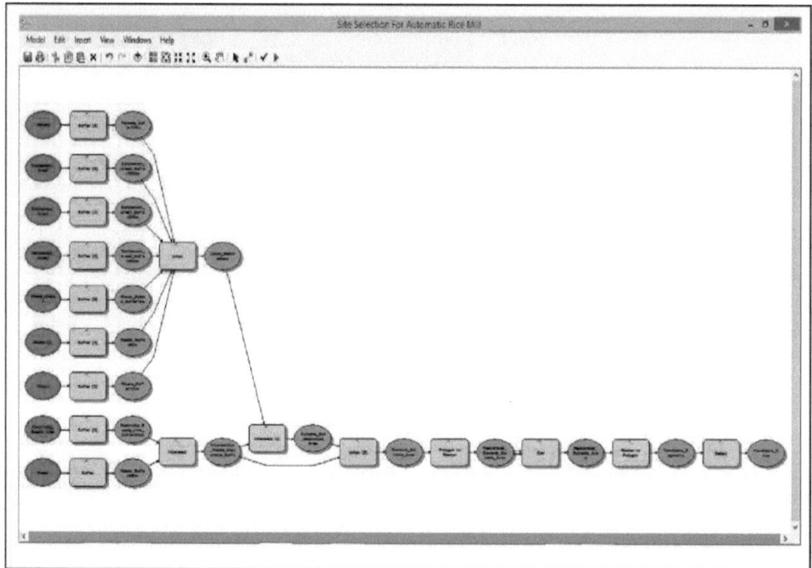

Figura 3.13Modelo cartográfico para encontrar locais adequados para o moinho de arroz automático

3.8.3 Sistema de projeção

As projecções são uma transformação matemática que utiliza coordenadas esféricas (latitude e longitude) e as transforma num sistema de coordenadas XY (planas). Isto permite-lhe criar um mapa que mostra com precisão distâncias, áreas ou direcções. Com esta informação, é possível trabalhar com precisão os dados para calcular áreas e distâncias e medir direcções. Tal como implementadas nos Sistemas de Informação Geográfica, as projecções são transformações de coordenadas esféricas para sistemas de coordenadas XY e transformações de um sistema de coordenadas XY para outro. As projecções são escolhidas com base nas necessidades do mapa ou da análise de dados e na área do mundo. As projecções são úteis para um conjunto limitado de objectivos ou escalas. Finalmente, as projecções baseiam-se nas necessidades e normas locais. Como diferentes

Os sistemas de projeção colocam as mesmas entidades espaciais em diferentes coordenadas na superfície plana, pelo que é importante definir uma projeção específica para o conjunto de dados que está a ser utilizado. Uma das principais caraterísticas de um SIG é a capacidade de sobrepor diferentes dados para uma melhor análise. Esta camada diferente deve ter a mesma projeção, datum e elipsoide de referência para que todas as coordenadas sejam alinhadas corretamente. Por conseguinte, o investigador converte a projeção dos dados para o sistema de projeção WGS_1984_UTM_Zone_45N, uma vez que a maioria dos mapas locais do Bangladesh o utiliza. Os parâmetros do sistema de projeção **WGS_1984_UTM_Zone_45N** são apresentados no quadro 3.4.

Tabela 3.4 Parâmetros do sistema de projeção WGS_1984_UTM_Zone_45N

Sistema de coordenadas projetado	WGS_1984_UTM_Zone_45N
Projeção	Transversa de Mercator
Falsa orientação leste	500000.00000000
Norte falso	0.00000000
Meridiano Central	87.00000000
Fator de escala	0.99960000
Latitude de origem	0.00000000

Unidade Linear	Contador
Sistema de coordenadas geográficas	GCS_WGS_1984
Ponto de referência	D_WGS_1984
Prime Meridian	Greenwich
Unidade Angular	Grau

3.8.4Descrição das ferramentas utilizadas no modelo

Um modelo cartográfico é um arranjo que combina conjuntos de dados gerais, funções e operações numa sequência para responder a questões, produzindo normalmente um mapa de saída a partir de vários mapas de entrada. Trata-se de uma aplicação organizada de operações espaciais como os buffers, a interpolação, a reclassificação e a sobreposição para resolver problemas como a análise de aptidão ou a classificação de terrenos. As ferramentas utilizadas no modelo para o estudo são descritas brevemente.

3.8.4.1 Armazenamento em buffer

O buffer é um tipo de análise de proximidade que é suportado pela maioria dos SIG. O buffer pode ser um polígono com uma largura especificada em torno de um ponto, linha ou área. É definido num sistema deste tipo como distâncias reais de um ou mais elementos do mapa ou um polígono que circunda um ponto, linha ou polígono a uma distância especificada. Um buffer é muito útil para a análise de proximidade. Neste estudo, o primeiro passo consistiu em criar um buffer em torno de linhas (como estradas, rios, caminhos-de-ferro e linhas de distribuição de eletricidade) e em torno de polígonos como diferentes tipos de áreas residenciais e massas de água. Estes buffers foram criados com a proximidade mencionada na Tabela 3.2 e na Tabela 3.3.

3.8.4.2 União

A união é uma sobreposição topológica de dois ou mais conjuntos de dados espaciais poligonais que preserva as caraterísticas que se inserem na extensão espacial de qualquer um dos conjuntos de dados de entrada; ou seja, todas as caraterísticas de ambos os conjuntos de dados são retidas e extraídas para um novo conjunto de dados poligonais. Todos os buffers dos critérios de restrição foram combinados através da ferramenta de união. A ferramenta de união foi também utilizada como uma etapa intermédia para selecionar as áreas adequadas das áreas inadequadas.

3.8.4.3 Intersecção

O Intersect é uma integração geométrica de conjuntos de dados espaciais que preserva caraterísticas ou partes de caraterísticas que se inserem em áreas comuns a todos os conjuntos de dados de entrada. A ferramenta Intersect foi utilizada para combinar os critérios obrigatórios de aptidão de um local para a instalação de moinhos de arroz automáticos. A ferramenta Intersect foi também utilizada para detetar áreas adequadas.

3.8.4.4 Polígono para Raster

Converte as caraterísticas do polígono num conjunto de dados raster. As áreas adequadas combinadas com critérios restritos foram rasterizadas primeiro para segregar as áreas adequadas.

3.8.4.5 Ferramenta CON

A ferramenta Con efectua uma avaliação condicional if/else em cada uma das células de entrada de um raster de entrada. Neste modelo, a ferramenta Con é utilizada para detetar as zonas adequadas, impondo a condição do número de identificação.

3.8.4.6 Raster para polígono

A ferramenta Raster para polígono converte um conjunto de dados raster em caraterísticas poligonais. O raster de entrada pode ter qualquer tamanho de célula e deve ser um conjunto de dados raster inteiro válido. Uma área adequada combinada foi destacada como sítios adequados através da ferramenta de conversão de raster em polígono.

3.8.4.7 Selecionar

Esta ferramenta seleciona elementos geográficos numa camada com base numa relação espacial com elementos geográficos noutra camada. Cada elemento da camada de elementos de entrada é avaliado em relação aos elementos da camada de elementos de seleção ou da classe de elementos; se a relação especificada for satisfeita, o elemento de entrada é selecionado.

3.9 Seleção dos locais óptimos através da abordagem de localização e atribuição

A procura de uma localização óptima é frequente em muitas aplicações urbanas para instalar uma ou mais instalações. A procura torna-se muito complexa quando envolve múltiplos locais, várias restrições e múltiplos objectivos (Li & Yeh, 2005).

O modelo de localização-alocação é amplamente utilizado e aplicado na conceção da localização de instalações para fins práticos, a fim de obter o valor objetivo ótimo (Gong, Gen, Yamazaki, & Xu, 1997). A afetação da localização é a localização simultânea de instalações centrais e a atribuição da procura dispersa a essas instalações, de modo a otimizar algumas funções objetivo. Assim, os modelos de afetação da localização são adequados para determinar a localização de qualquer instalação central destinada a servir uma população dispersa. Geralmente, nas aplicações urbanas, cada ponto de procura está localizado no centro de uma zona estatística, como um sector censitário, e o seu peso representa a procura nessa zona (Goodchild, 1984). Neste estudo, depois de encontrar ou selecionar os locais candidatos adequados através da execução do modelo, esses locais foram utilizados como instalações no modelo de atribuição de locais para selecionar um número específico de locais óptimos. Tanto para a cobertura máxima como para a frequência máxima, foram detectados locais óptimos através da aplicação da operação de atribuição de locais na análise de rede.

CAPÍTULO 4

RESULTADOS E DISCUSSÃO

4.1 Introdução

Este capítulo revela, ilustra, examina e discute os resultados de várias análises e processos. A apresentação dos resultados neste capítulo começa com a preparação de mapas que expõem o cenário atual do volume de produção anual de arroz em casca a nível distrital, o número e a capacidade de esmagamento dos moinhos de arroz existentes em todo o país. Em seguida, os mapas destes mesmos critérios são expostos ao nível das divisões, distritos e sub-distritos. O cenário da produção de arroz é apresentado até à unidade administrativa mais baixa, os sindicatos, da área de estudo do distrito de Joypurhat. As observações nestes mapas são descritas por palavras.

São apresentados e descritos mapas de análise de auto-correlação espacial, como a análise de clusters e outliers e a análise de pontos quentes. São analisadas a produção de arroz, a densidade de produção, a capacidade global de moagem de arroz e a capacidade de moagem das fábricas automáticas de arroz nos distritos de todo o Bangladesh. É também efectuada uma análise da produção de arroz e do número de produtores de arroz em sindicatos na área de estudo do distrito de Joypurhat.

São apresentados os mapas dos critérios de entrada utilizados no processo de procura de sítios adequados. Os mapas intermédios gerados através do processo são também apresentados com uma descrição. Os locais óptimos, juntamente com os centros das explorações agrícolas (pontos de procura), são apresentados em mapas de atribuição de locais. Finalmente, 10 locais óptimos são apresentados no mapa de base. Os moinhos de arroz automáticos existentes, os potenciais moinhos de descasque, os centros de crescimento (mercados de arroz) e os armazéns públicos (LSDs) são também apresentados no mapa com os locais óptimos e os locais candidatos adequados.

4.2.1 Produção de arroz por distrito em todo o Bangladesh

O mapa da figura 4.1 mostra que os quatro principais distritos produtores de arroz do país são Mymensingh, Naogaon, Dinajpur e Bogra, seguidos de Jessore, Rangpur, Sunamganj, Netrakona e Brahmanbaria. A menor quantidade de arroz é produzida nos distritos de Narayanganj, Munshiganj e Jhalokathi, em terras planas, juntamente com três distritos montanhosos, Bandarban, Rangamati e Khagrachari. O mapa mostra que o arroz é mais cultivado na parte norte do país do que na parte sul.

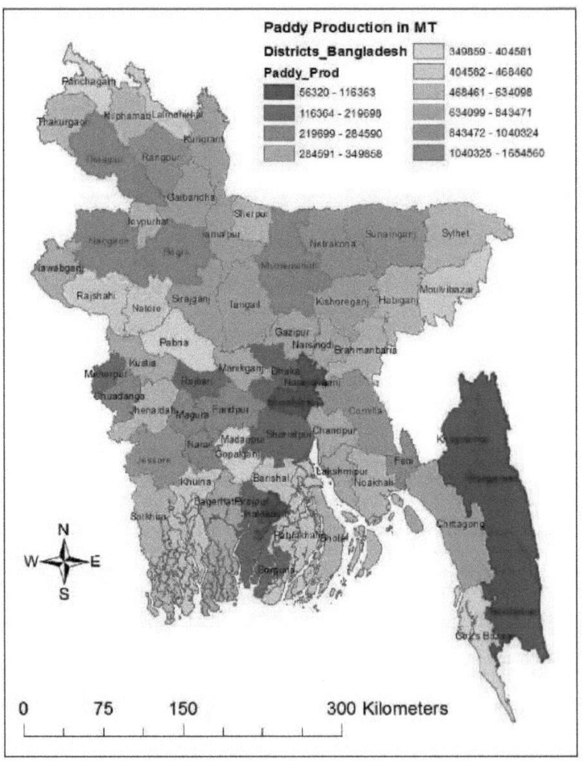

Figura 4.1 Produção de arroz por distrito em todo o Bangladesh

4.2.2 Densidade da produção de arroz por distrito em todo o Bangladeche

O mapa da figura 4.2 mostra que, de todos os distritos do país, a área de estudo selecionada, o distrito de Joypurhat e o seu distrito vizinho, Bogra, têm a maior densidade de produção de arroz. Três distritos montanhosos, Khagrachari, Rangamati e Bandarban, registam a densidade mais baixa de produção de arroz. A densidade global de produção é mais elevada nas zonas setentrionais do que na parte meridional. Mas a densidade de produção de arroz no distrito de Jessore, sob a divisão sudoeste de Khulna, é muito mais elevada do que nos distritos vizinhos.

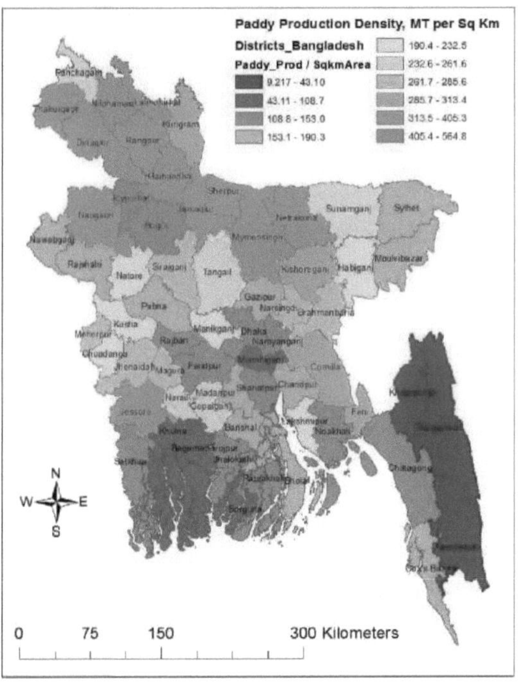

Figura 4.2 Densidade da produção de arroz por distrito em todo o Bangladesh

4.2.3 Distribuição da produção de arroz por divisão em todo o Bangladesh

O mapa da figura 4.3 mostra que a maior quantidade de arroz é produzida na divisão de Daca, seguida das divisões de Rangpur e Rajshahi. A divisão de

Barisal está no fundo da classificação da produção de arroz. As divisões de Sylhet e Khulna ocupam o segundo e terceiro lugares, respetivamente, no que respeita à produção de arroz. A divisão de Chittagong está no meio da classificação do volume de produção.

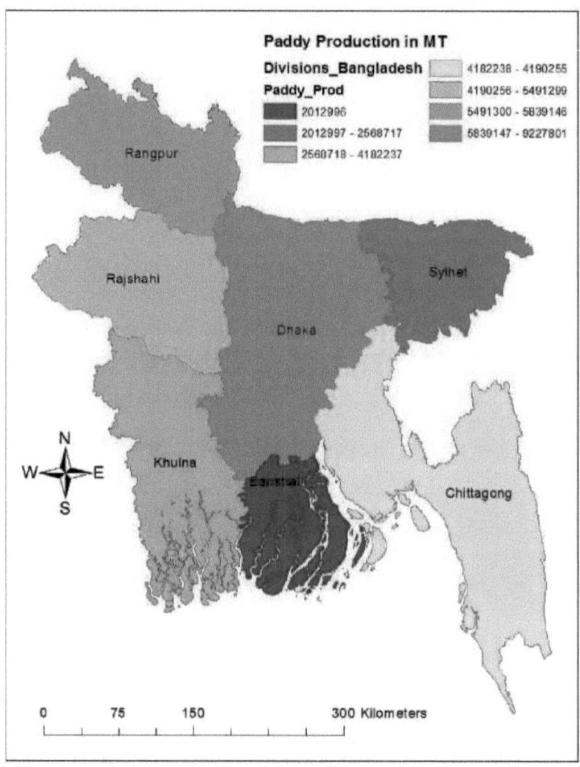

Figura 4.3 Produção de arroz por divisão em todo o Bangladesh

4.2.4 Densidade da produção de arroz por divisão em todo o Bangladeche

O mapa da figura 4.4 mostra que a divisão mais setentrional do país, Rangpur, tem a maior densidade de produção de arroz, seguida da divisão de Rajshahi. A divisão de Chittagong é a que regista a maior densidade de produção de arroz. A densidade da produção de arroz aumenta de Barisal para Khulna e depois para Sylhet e a divisão de Dhaka.

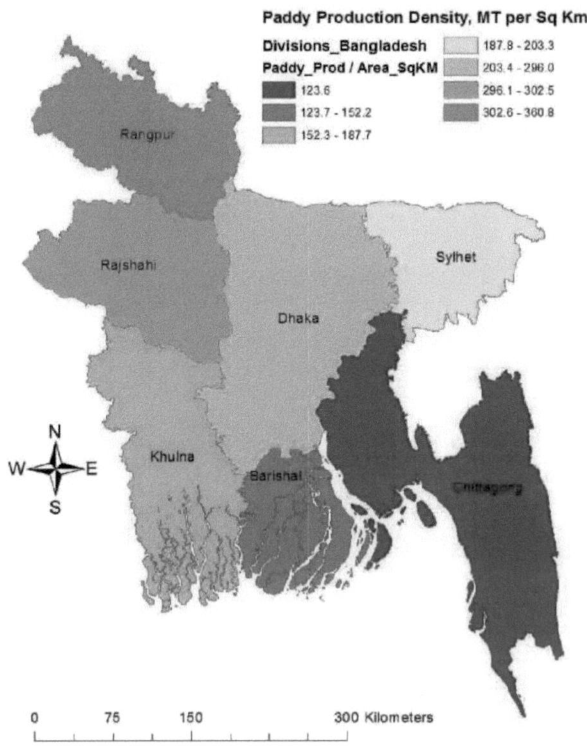

Figura 4.4 Densidade da produção de arroz por divisão em todo o Bangladesh

4.3.1 Distribuição distrital dos moinhos de arroz em todo o Bangladesh

A capacidade de trituração das fábricas de arroz estufado é classificada em 10 níveis, como se pode ver no mapa da Figura 4.5. Os distritos de Dinajpur, Thakurgaon, Naogaon e Bogra têm a maior capacidade de trituração, seguidos dos distritos de Pabna, Mymensingh e Sherpur. Nos distritos de Cox's Bazaar, Bandarban, Rangamati, Khagrachari e Pirojpur não existe nenhuma fábrica de arroz para produzir arroz estufado.

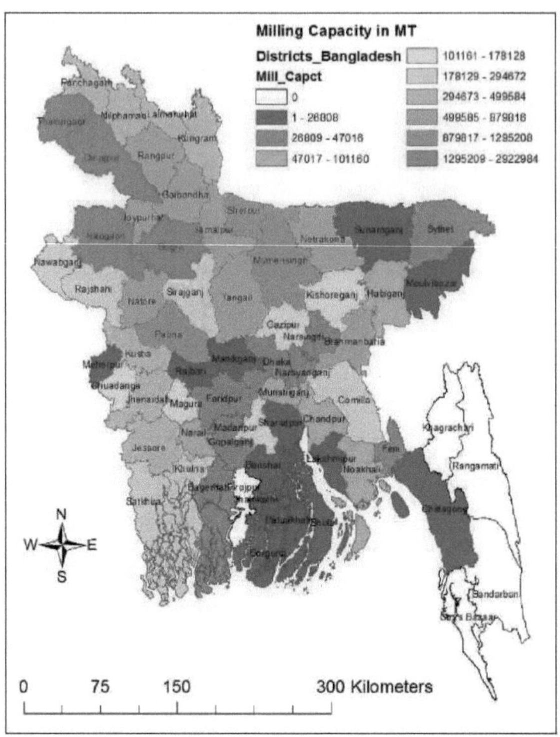

Figura 4.5 Capacidade de moagem de arroz estufado por distrito em todo o Bangladesh

4.3.2 Distribuição dos moinhos de arroz por divisão em todo o Bangladesh

O mapa da figura 4.6 mostra claramente que a divisão de Rangpur tem a capacidade máxima de produção de arroz estufado, seguida das divisões de Rajshahi e Dhaka. A divisão de Barisal tem a capacidade de trituração mais baixa e a divisão de Chittagong é a segunda mais baixa. A capacidade de trituração aumenta sequencialmente nas divisões de Sylhet, Khulna e Dhaka.

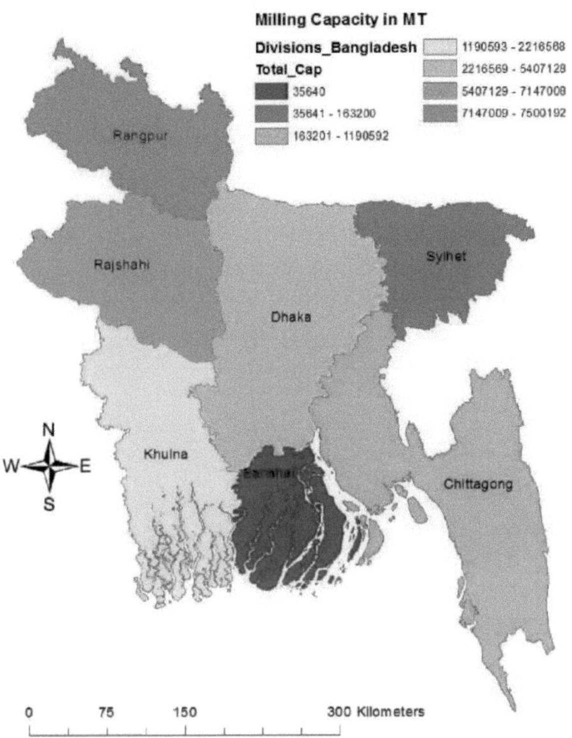

Figura 4.6 Capacidade de moagem de arroz estufado por divisão em todo o Bangladesh

4.4.3 Capacidade de moagem distrital normalizada pela produção de arroz

O mapa da figura 4.7 mostra que os distritos de Dinajpur, Thakurgaon e Pabna são os que apresentam o rácio mais elevado entre a capacidade de moagem e a produção anual de arroz. Os distritos de Naogaon, Bogra, Joypurhat, Natore, Kustia, Sherpur, Brahman Baria e Jamalpur têm um rácio superior a 1,00, ou seja, têm moinhos em excesso nessas zonas.

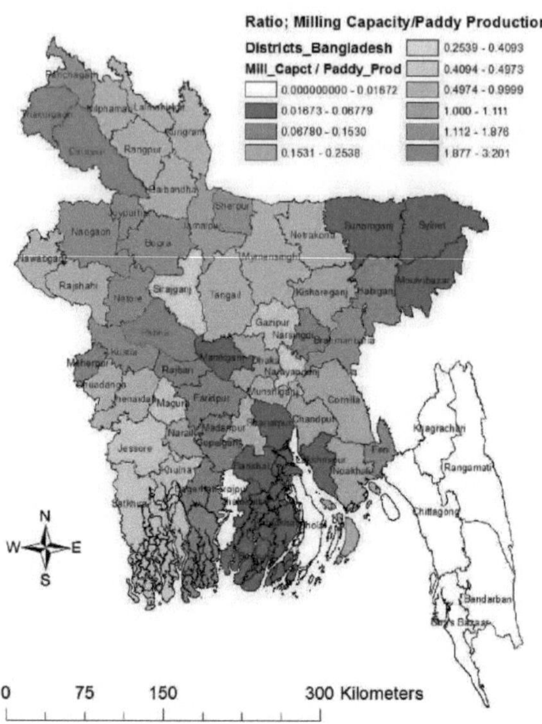

Figura 4.7 Capacidade de moagem de arroz por distrito normalizada pela produção de arroz em casca

O rácio é de 0,00 nos distritos de Cox's Bazaar, Bandarban, Rangamati, Khagrachari e Pirojpur, uma vez que não existe nenhum moinho de arroz para produzir arroz estufado nessas zonas.

4.4.4 Capacidade de moagem por divisão normalizada pela produção de arroz

O mapa da figura 4.8 mostra que, embora a divisão de Rangpur tenha a maior capacidade total de moagem dos moinhos, o rácio entre a capacidade de moagem e a produção anual de arroz é mais elevado na divisão de Rajshahi.

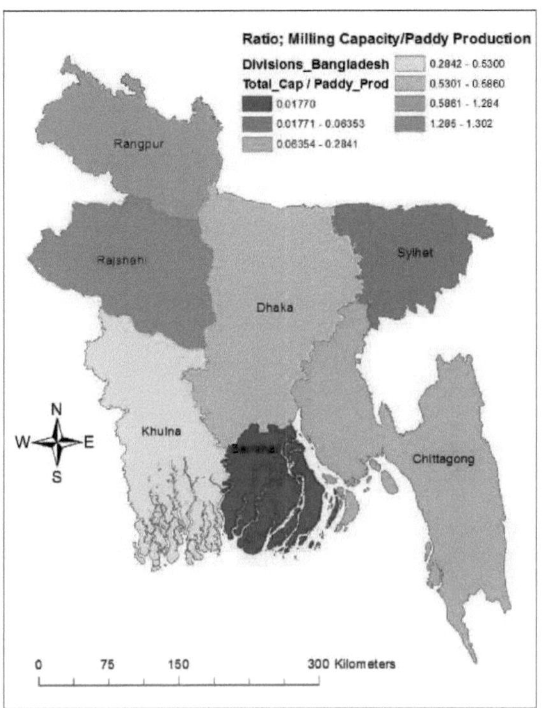

Figura 4.8 Capacidade de moagem de arroz por divisão normalizada pela produção de arroz em casca

Ambas as divisões têm um rácio superior a 1,00, o que significa que há um número excessivo de fábricas de descasque de arroz do que o necessário nessas áreas. As divisões de Barisal e Sylhet encontram-se em série na parte inferior da ordem de classificação do rácio.

4.5.1 Capacidade de moagem de arroz estufado dos moinhos automáticos nos distritos

Como se pode ver no mapa da Figura 4.9, o distrito de Dinajpur tem a maior capacidade de fábricas automáticas de arroz que produzem arroz estufado.

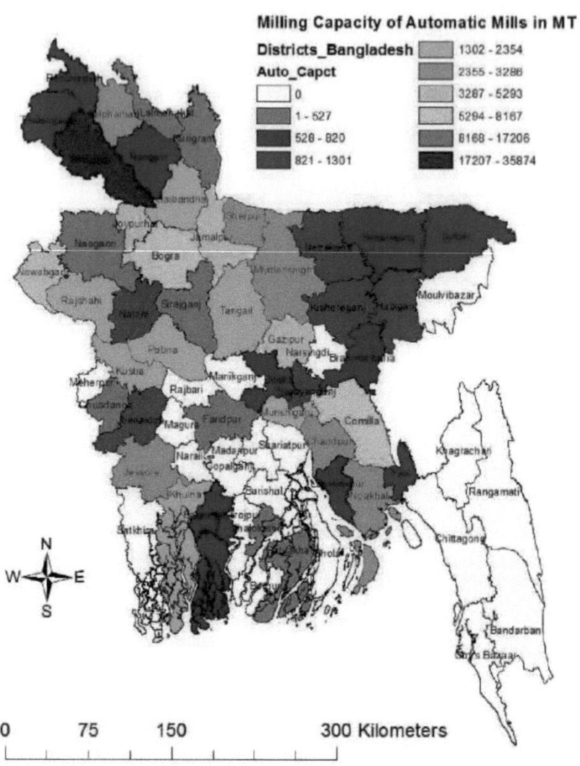

Figura 4.9 Capacidade de moagem de arroz dos moinhos de arroz automáticos por distrito

O distrito de Naogaon segue-o com uma capacidade de 17206 MT. Os distritos de Bogra e Comilla encontram-se no terceiro grupo. Dos 64 distritos do país, os distritos de Jhalokathi, Patuakhali, Faridpur, Chuadanga, Sirajganj, Kurigram e Lalmonirhat possuem moinhos automáticos com uma capacidade mínima de produção de arroz estufado.

4.5.2 Capacidade de moagem de arroz estufado dos moinhos automáticos em Divisões

O mapa da Figura 4.10 mostra claramente que a capacidade máxima dos moinhos de arroz automáticos (parboilizados) está estabelecida na divisão de Rangpur, seguida das divisões de Rajshahi e Dhaka. Tal como a

capacidade total de moagem da divisão de Barisal.

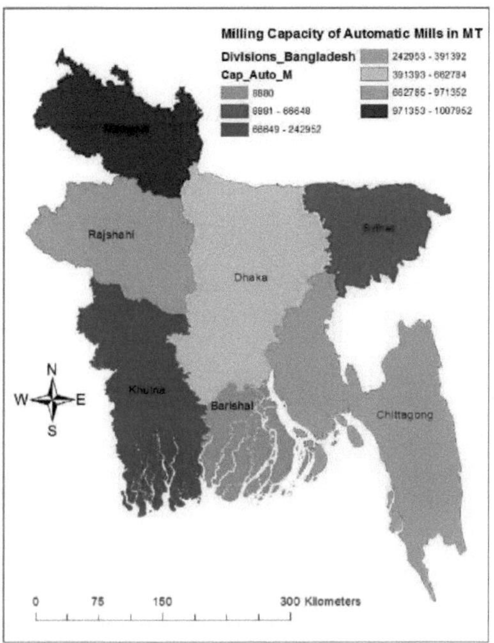

Figura 4.10 Capacidade de moagem de arroz por divisão dos moinhos de
arroz automáticos

tem a capacidade mais baixa de moinhos de arroz automáticos. As divisões
de Sylhet e Khulna são a segunda e terceira mais baixas, respetivamente, em
termos de capacidade de esmagamento de arroz. A divisão de Chittagong
está no meio da lista, com moinhos automáticos com uma capacidade total
anual de esmagamento de 391392 toneladas.

4.6.1 Produção de arroz a nível subdistrital na zona de estudo de Joypurhat

O mapa na Figura 4.11 mostra que, entre os cinco subdistritos do distrito,
Panchbibi Upazila produz a maior quantidade de arroz e é seguido pela
produção de Joypurhat Sadar Upazila. A produção anual de arroz em
Akkelpur Upazila é a mais baixa. A produção de arroz é maior na Upazila
de Kalai do que na Upazila de Khetlal.

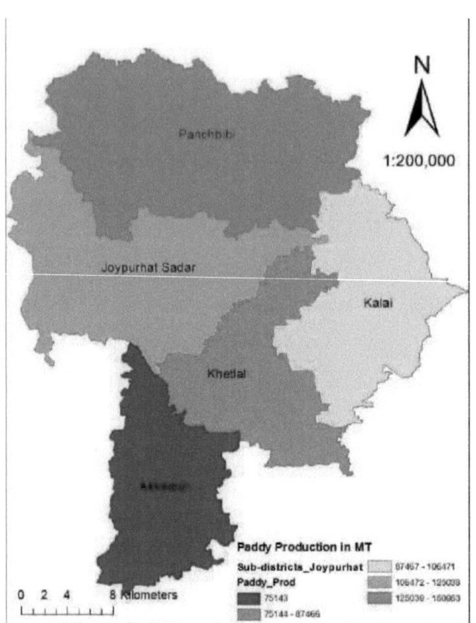

Figura 4.11 Produção de arroz em Joypurhat segundo a Upazila

4.6.2 Densidade de produção de arroz por subdistrito na área de estudo de Joypurhat

O mapa da figura 4.12 mostra que a densidade da produção de arroz é mais elevada em Kalai Upazila, seguida de Khetlal Upazila. Devido ao facto de ter a maior área urbana do distrito, a densidade de produção de arroz é mais baixa em Joypurhat Sadar Upazila e Akkelpur Upazila é a segunda mais baixa. A densidade da produção de arroz na Upazila de Panchbibi situa-se na média.

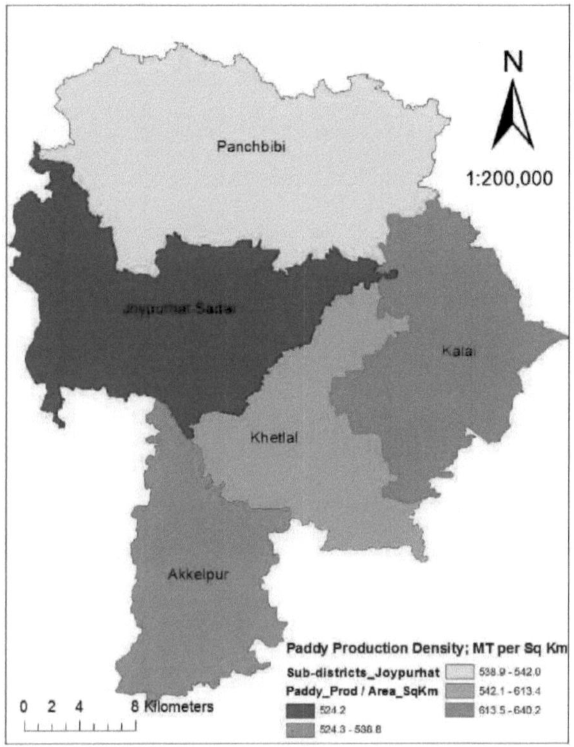

Figura 4.12 Densidade da produção de arroz em Joypurhat, segundo a Upazila

4.6.3 Número de moinhos por subdistrito na zona de estudo de Joypurhat

Embora a Upazila de Kalai produza muito menos arroz do que as Upazilas de Panchbibi e Joypurhat Sadar, o mapa da Figura 4.13 mostra que é nesta upazila que se encontra o maior número de fábricas de arroz.

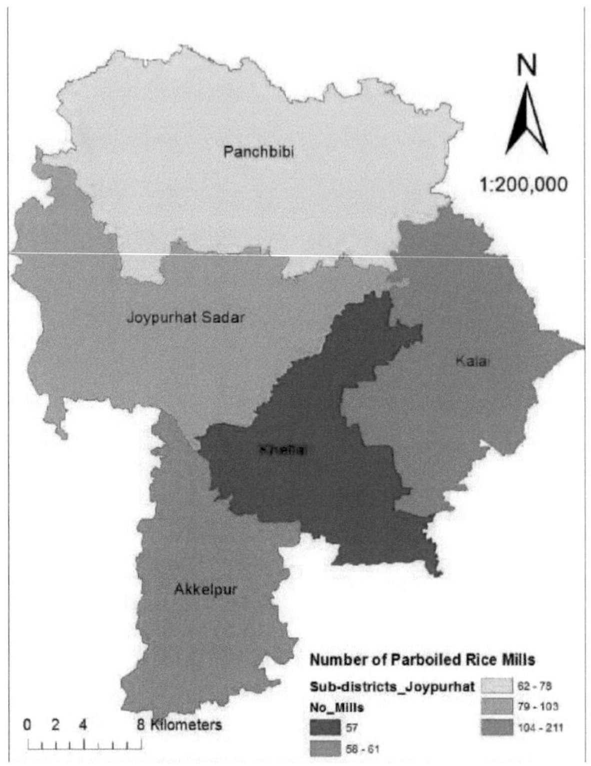

Figura 4.13 Número de fábricas de descasque de arroz em Joypurhat, segundo a Upazila

As Upazilas de Khetlal e Akkelpur têm um número relativamente menor de fábricas de arroz. Apesar de produzir a maior quantidade de arroz em casca, a Upazila de Panchbibi ocupa a terceira posição, com menos fábricas de arroz do que a Upazila de Joypurhat Sadar.

4.6.4 Capacidade de moagem por subdistrito na zona de estudo de Joypurhat

o só o número de moinhos, mas também a capacidade total de trituração é a mais elevada em Kalai Upazila. De facto, as capacidades de trituraçºo em todos os cinco subdistritos sºo da mesma ordem do n½mero de moinhos.

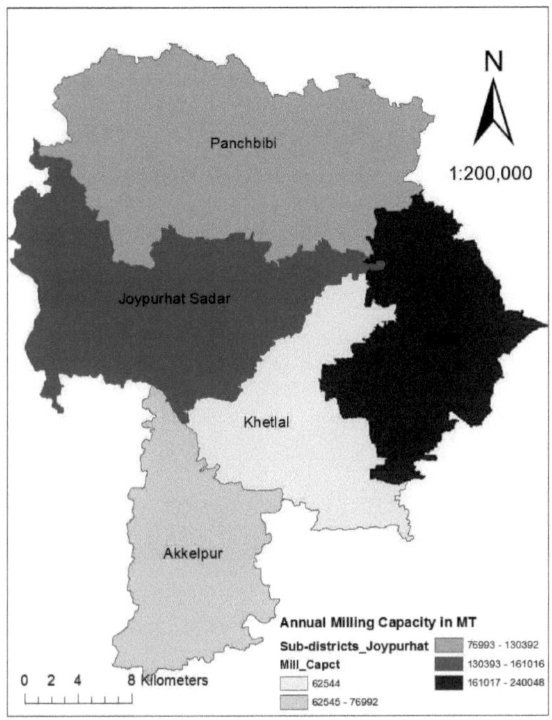

Figura 4.14 Capacidade de moagem de arroz por Upazila em Joypurhat

O mapa da Figura 4.14 mostra a capacidade de moagem nos subdistritos do distrito de Joypurhat.

4.6.5 Capacidade de moagem por subdistrito em relação à produção de arroz em Joypurhat

O mapa da Figura 4.15 mostra que a capacidade de esmagamento não é racional em relação ao volume de produção de arroz em todos os subdistritos.

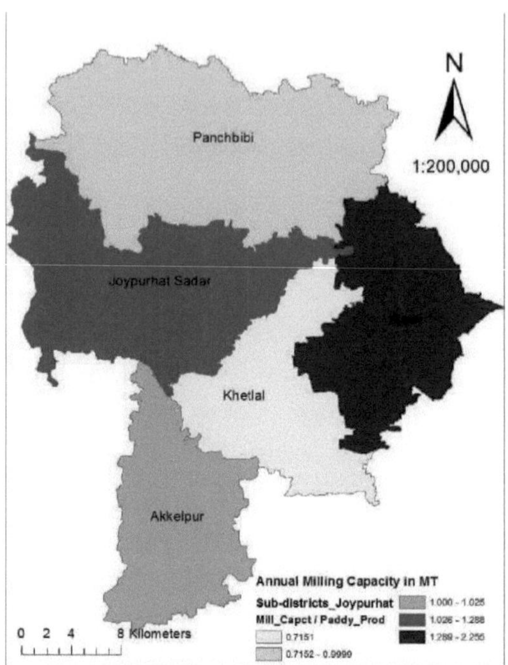

Figura 4.15 Capacidade de moagem normalizada pela produção anual de arroz

O rácio entre a capacidade de moagem e a produção anual de arroz é o mais elevado em Kalai Upazila. É também superior a 1,00 em Joypurhat Sadar e Akkelpur Upazila, o que significa que nestes três subdistritos há mais moinhos de arroz do que o necessário para transformar o arroz produzido. As Upazilas de Khetlal e Panchbibi necessitam de mais capacidade de moagem de arroz para que todo o arroz aí produzido possa ser transformado pelos moinhos locais.

4.6.6 Capacidade da fábrica de automóveis por subdistrito em relação à capacidade total

O mapa da Figura 4.16 mostra claramente que a maior parte dos moinhos automáticos está a funcionar em Joypurhat Sadar Upazilla, ou seja, na sede do distrito. Aqui, 25% da capacidade de trituração é partilhada por moinhos automáticos. Panchbibi e Kalai Upazila estão muito atrás, com apenas 6% da capacidade total. A Upazila de Khetlal tem uma quota muito reduzida e a

Upazila de Akkelpur não tem nenhum moinho de arroz automático.

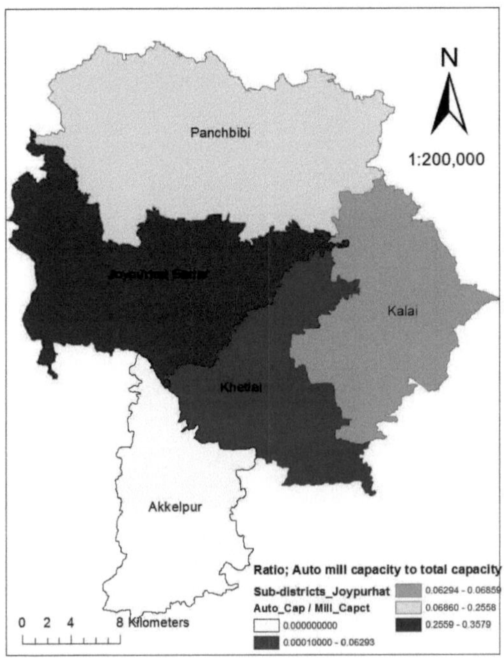

Figura 4.16 Moinho automático versus capacidade total de moagem

4.7.1 Produção de arroz da União na zona de estudo de Joypurhat

O mapa da Figura 4.17 mostra que o volume de produção de arroz nas uniões orientais do distrito é mais elevado do que nas uniões do lado ocidental do distrito. As uniões do Sudoeste produzem mais arroz do que as uniões do Noroeste do distrito. As uniões de Kusumba, Aloi e Matrai produzem a maior quantidade de arroz. A menor quantidade de arroz é cultivada nas uniões de Mohammadabad e Bhadsa.

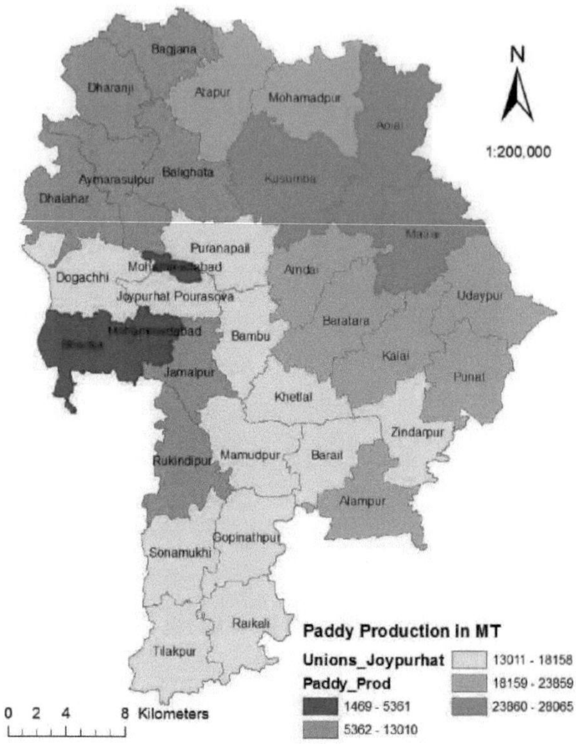

Figura 4.17 Produção de arroz por União em Joypurhat

4.7.2Número de produtores de arroz da União na zona de estudo de Joypurhat

O mapa da Figura 4.18 mostra que, tal como a produção de arroz, o número de produtores de arroz é também mais elevado nas uniões do lado oriental do que nas do lado ocidental. Há um grande número de produtores de arroz nas uniões de Aloi, Udaypur, Punat e Dharanji. Poucos agricultores cultivam arroz nas uniões de Mohammadabad e Puranapail. As uniões de Bagjana e Dhalahar têm também um pequeno número de produtores de arroz.

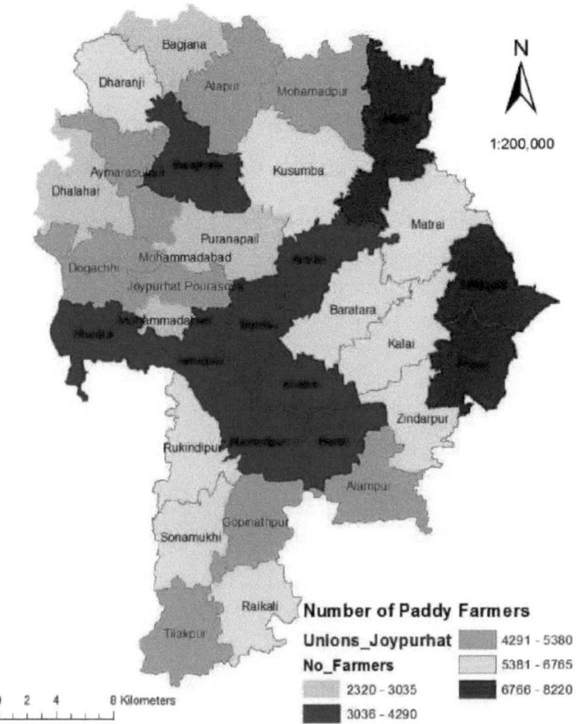

Figura 4.18 Agricultores de arroz em Joypurhat, segundo o sindicato

4.8 Autocorrelação espacial I de Moran e análise de pontos quentes

O I de Moran mede a auto-correlação espacial com base em localizações de caraterísticas e valores de atributos. Dado um conjunto de caraterísticas ponderadas, identifica pontos quentes e frios estatisticamente significativos e clusters espaciais ou outliers utilizando a estatística I de Moran local de Anselin. A análise de pontos quentes identifica pontos quentes e pontos frios estatisticamente significativos de um determinado conjunto de caraterísticas ponderadas utilizando a estatística Getis-Ord G. A estatística G mede o grau em que os valores grandes ou pequenos de uma variável se agrupam.

4.8.1 Análise de Clusters e Outlier da Produção de Paddy

O mapa da Figura 4.19, gerado através da análise, mostra que 6 distritos denominados Dinajpur, Rangpur, Gaibandha, Bogra, Mymensingh e

Netrakona são adjacentes a zonas de elevada produção de arroz, ou seja, auto-correlação HH (HighHigh). Os distritos de Munshiganj e Shariatpur estão rodeados de zonas que produzem pouca quantidade de arroz, ou seja, autocorrelação LL (Low-Low). Não existe uma autocorrelação HL (High-Low) ou LH (Low-High) assinalável. Por conseguinte, a auto-correlação noutras zonas é considerada insignificante.

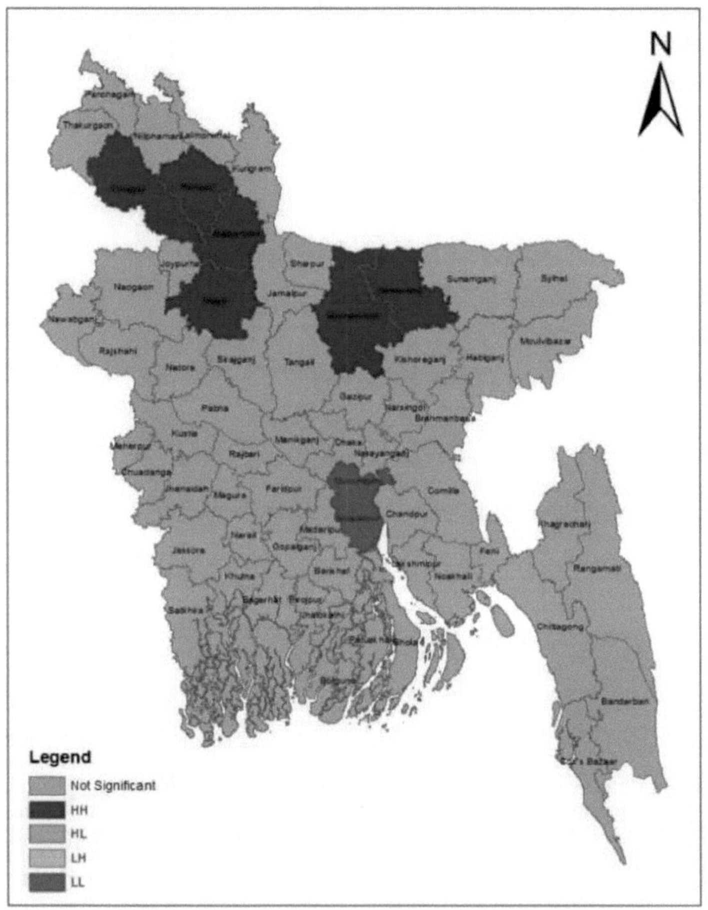

Figura 4.19 Aglomerados e valores atípicos da produção de arroz no Bangladesh

4.8.2 Análise dos pontos quentes da produção de arroz

O mapa gerado através da Análise De Pontos Quentes, tal como apresentado na Figura 4.20, reflecte as áreas agrupadas. Os distritos do Norte são os que mais agrupam a produção de arroz. Joypurhat, Sherpur, Mymensingh e Netrakona são os distritos mais agrupados, com um valor-z superior a 2,58, ou seja, com um nível de confiança de 99%. O distrito de Munshiganj está agrupado na zona de produção mais baixa, com um valor z inferior a -2,58, ou seja, a um nível de confiança de 99%.

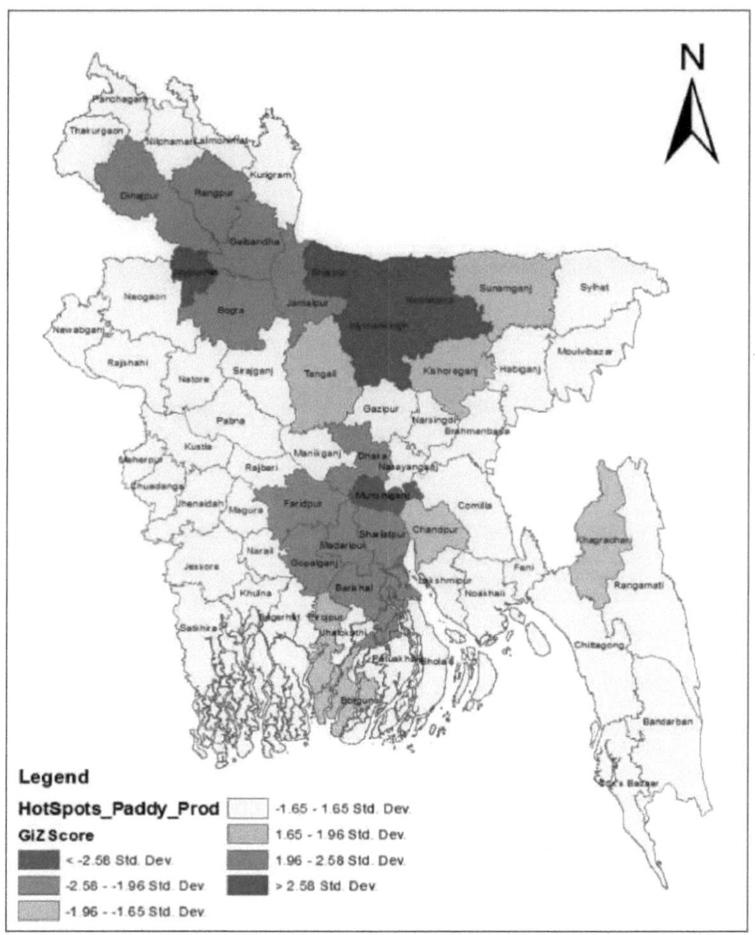

Figura 4.20 Pontos quentes da produção de arroz no Bangladesh

4.8.3 Análise de clusters e outliers da densidade de produção de arroz

A densidade da produção de arroz está concentrada no canto noroeste do país, como mostra o mapa da Figura 4.21. Os distritos de Dinajpur, Nilphamari, Rangpur, Gaibandha, Joypurhat, Naogaon, Bogra, Jamalpur, Sherpur e Mymensingh apresentam HH, ou seja, uma elevada densidade de produção de arroz. A baixa densidade existe nas zonas montanhosas orientais, na zona sudoeste de Khulna e também na zona central do distrito de Munshiganj. Não existe qualquer adjacência significativa de HL ou LH.

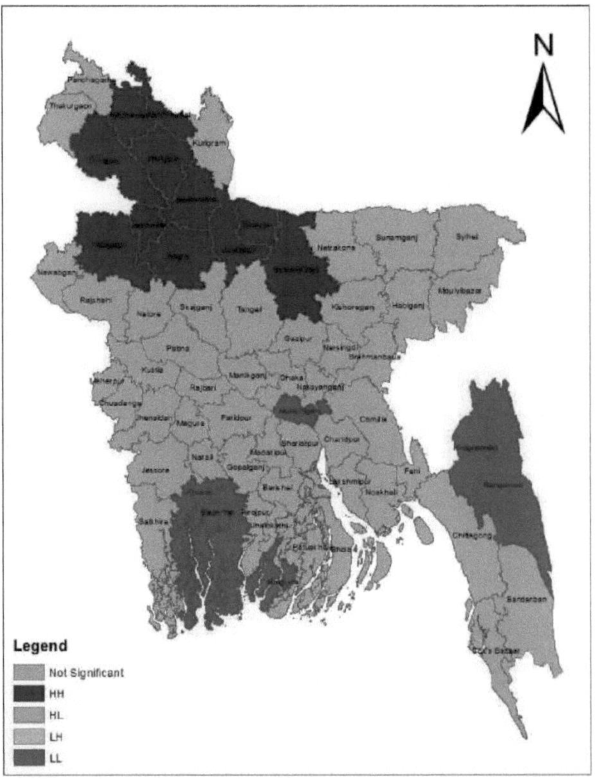

Figura 4.21 Agregado e desvio da densidade de produção de arroz no Bangladesh

4.8.4 Análise de pontos quentes da densidade de produção de arroz

O mapa da figura 4.22 mostra que os distritos do Noroeste, como Dinajpur, Nilphamari, Rangpur, Gaibandha, Joypurhat, Bogra, Jamalpur e Sherpur, apresentam uma elevada auto-correlação espacial da densidade de produção de arroz em casca a um nível de confiança de 99% (valor z>2,58). Os distritos de Thakurgaon, Lalmonirhat, Kurigram e Mymensingh apresentam um nível de confiança de 95% (valor z>1,96). O distrito montanhoso de Rangamati e o distrito de Bagerhat, na zona de Khulna, apresentam uma elevada auto-correlação espacial da densidade de produção de arroz fino a um nível de confiança de 99% (valor z<- 2,58).

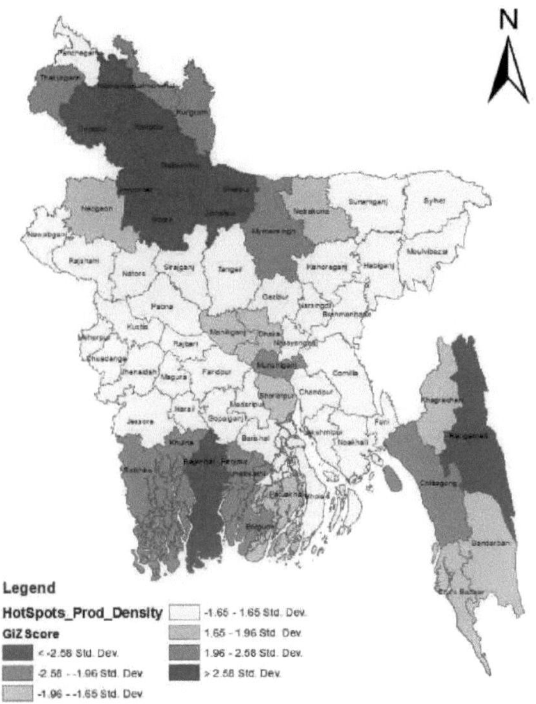

Figura 4.22 Pontos quentes da densidade de produção de arroz no Bangladesh

4.8.5 Análise de clusters e outliers da capacidade de moagem de arroz

Como se pode ver no mapa da Figura 4.23, os distritos de Dinajpur, Thakurgaon, Joypurhat, Bogra e Jamalpur apresentam uma auto-correlação espacial HH da capacidade de moagem. Não existe auto-correlação LL, HL e LH da capacidade de moagem das fábricas de arroz no país. Esta análise mostra claramente que a capacidade de moagem de arroz está concentrada ou agrupada numa região estreita do país.

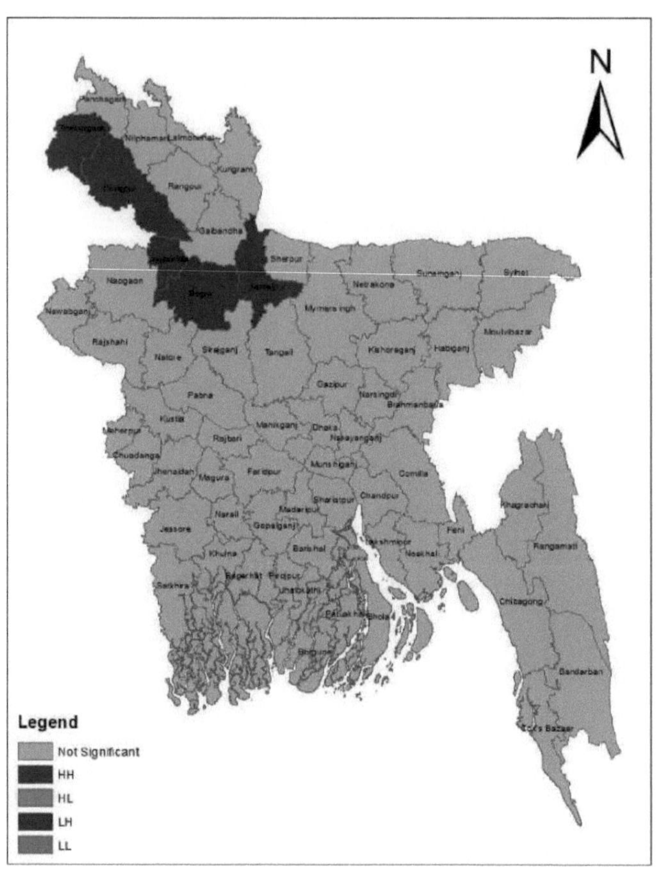

Figura 4.23 Cluster e Outlier da capacidade de moagem de arroz no Bangladesh

4.8.6 Análise de Hot Spot da Capacidade de Moagem de Arroz Parboilizado

O mapa da Figura 4.24 mostra que os distritos de Dinajpur, Thakurgaon, Nilphamari, Rangpur, Gaibandha, Joypurhat, Bogra, Jamalpur e Sirajganj apresentam uma auto-correlação espacial positiva elevada da capacidade de moagem de arroz estufado, com um nível de confiança de 99% (valor z>2,58). Os distritos de Bogra, Sherpur e Natore registam um nível de confiança de 95% (valor z>1,96). Existe uma autocorrelação espacial negativa da capacidade de moagem de arroz estufado nem a um nível de confiança de 99% (valor-z<- 2,58) nem a um nível de confiança de 95% (valor-z<-1,96).

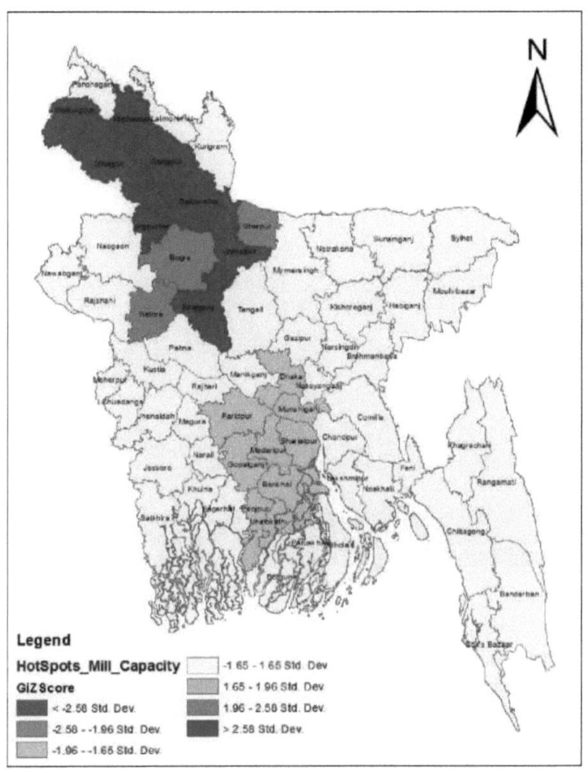

Figura 4.24 Pontos quentes da capacidade de moagem de arroz no Bangladesh

4.8.7 Análise de clusters e outliers da capacidade de moagem automática de arroz

Como se pode ver no mapa da Figura 4.25, o distrito de Naogaon apresenta uma auto-correlação espacial agrupada HH com a capacidade de esmagamento das fábricas automáticas de arroz. Isso significa que os distritos vizinhos de Naogaon também possuem um bom número de fábricas automáticas de arroz de grande capacidade. O distrito de Dinajpur possui uma auto-correlação espacial HL relativamente à capacidade das fábricas automáticas de arroz. Todos os outros distritos estão a um nível insignificante. Não se observam autocorrelações espaciais LL e LH.

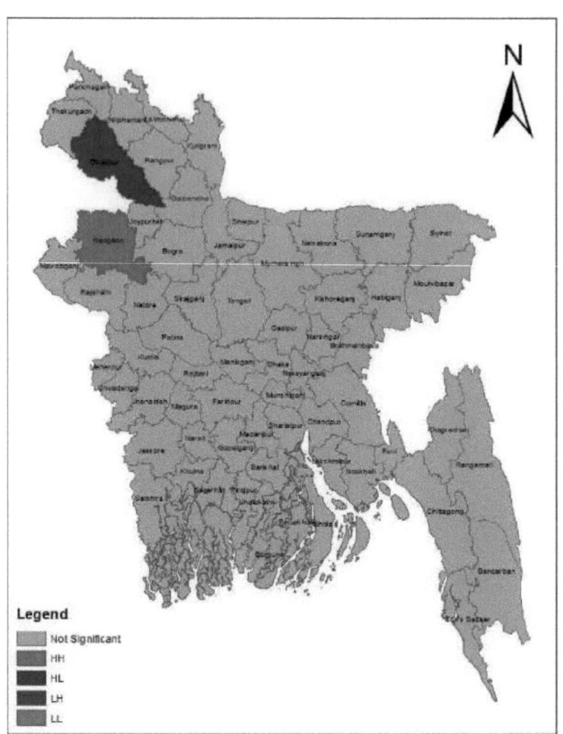

Figura 4.25 Agregado e desvio da capacidade de moagem automática de arroz no Bangladesh

4.8.8 Análise de Hot Spot da Capacidade do Moinho de Arroz Automático

O mapa da Figura 4.26 mostra que os distritos de Dinajpur e Thakurgaon apresentam uma auto-correlação espacial positiva elevada da capacidade automática das fábricas de descasque de arroz com um nível de confiança de 99% (valor z>2,58).

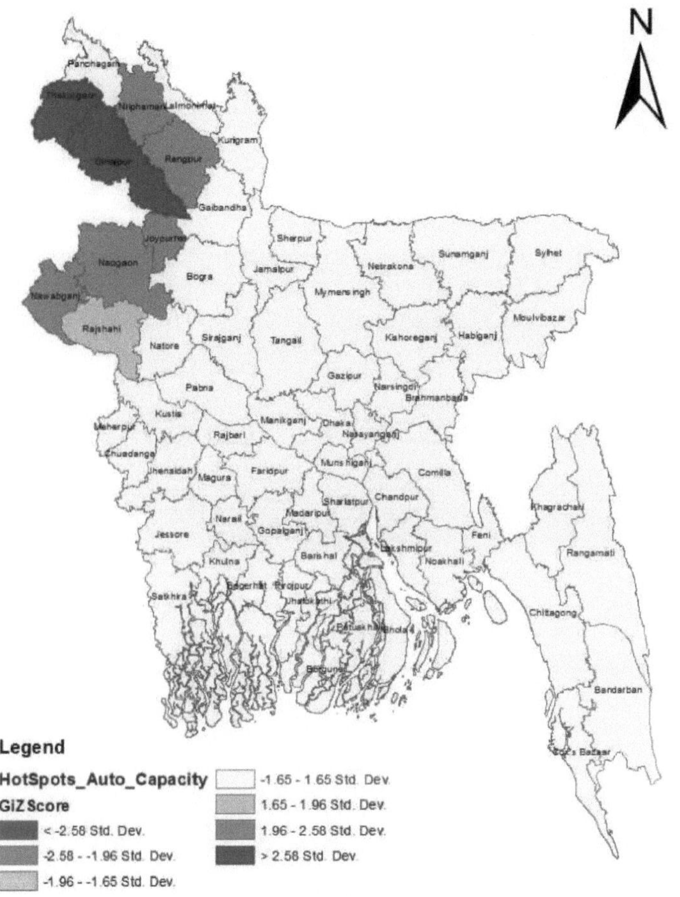

Figura 4.26 Pontos quentes da capacidade de moagem automática de arroz no Bangladesh

Os distritos de Nilphamari, Rangpur, Joypurhat, Naogaon e Chapai Nawabganj têm um nível de confiança de 95% (valor z>1,96) no que respeita à capacidade de moagem dos moinhos automáticos. Não existe uma auto-correlação espacial negativa da capacidade dos moinhos automáticos de arroz.

4.8.9 Análise de clusters e outliers da produção de arroz no distrito de Joypurhat

Como se pode ver no mapa da Figura 4.27, quatro uniões na parte nordeste do distrito, designadas por Mohammadpur, Aolai, Matrai e Udaypur, são adjacentes a uniões com elevada produção de arroz. Apenas a união de Bhadsa está próxima das zonas que produzem pouca quantidade de arroz. A relação nas outras zonas é insignificante.

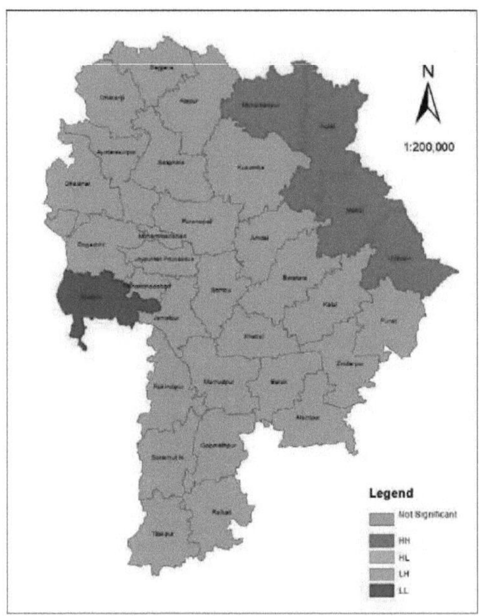

Figura 4.27 Agregado e desvio da produção de arroz no distrito de Joypurhat

4.8.10 Análise dos pontos críticos da produção de arroz no distrito de Joypurhat

O resultado da análise de Hot Spot, tal como apresentado no mapa da Figura 4.28, mostra que apenas a união de Mohammadabad apresenta uma autocorrelação espacial positiva elevada da produção de arroz com um valor z superior a 2,58, ou seja, a um nível de confiança de 99%.

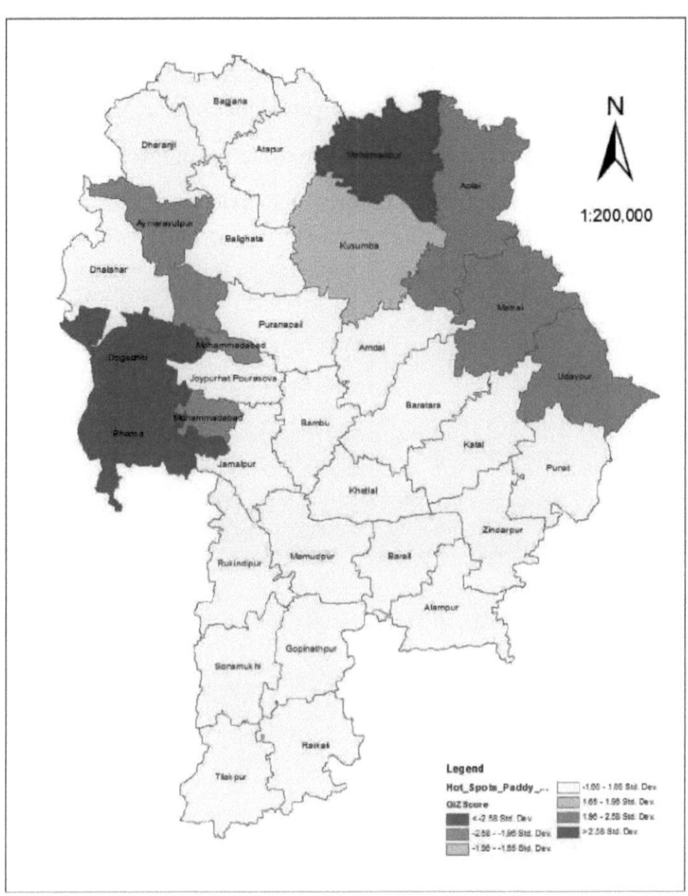

Figura 4.28 Pontos quentes de produção de arroz no distrito de Joypurhat

As uniões de Aolai, Matrai e Udaypur apresentam uma autocorrelação espacial positiva elevada da produção de arroz a 95% (valor-z>1,96) e a união de Kusumba apresenta um nível de confiança de 90% (valor-z>1,65). As uniões de Dogachhi e Bhadsa apresentam uma auto-correlação espacial negativa da produção de arroz a um nível de confiança de 99% (valor z<-2,58). As uniões de Mohammadabad e Dhalahar apresentam uma auto-correlação espacial negativa da produção de arroz a um nível de confiança de 95% (valor z<-1,96).

4.8.11 Análise de clusters e outliers dos produtores de arroz no distrito de

Joypurhat

O mapa da Figura 4.29, gerado através da análise, mostra que três uniões na parte oriental do distrito, designadas **por** Udaypur, Kalai e Punat, são adjacentes a uniões com um grande número de produtores de arroz. Todas as outras áreas são apenas insignificantes. Não existe autocorrelação LH, HL e LL.

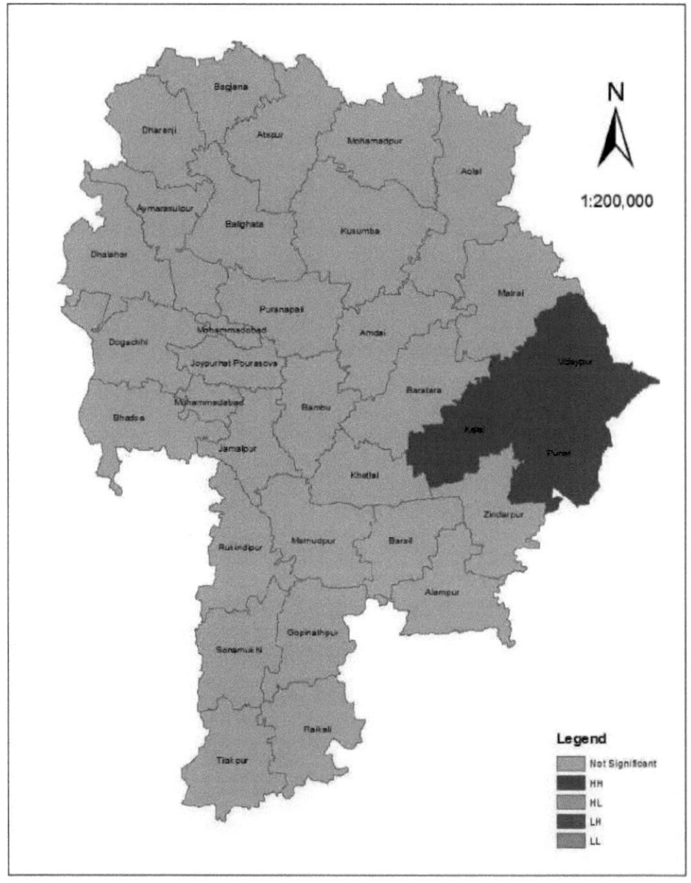

Figura 4.29 Agrupamento e situação anómala dos produtores de arroz no distrito de Joypurhat

4.8.12 Análise dos pontos críticos dos produtores de arroz nas uniões do distrito de Joypurhat

No mapa da Figura 4.30, as uniões de Udaypur e Punat apresentam uma auto-correlação espacial positiva elevada dos produtores de arroz, com um valor-z superior a 2,58, ou seja, a um nível de confiança de 99%. As uniões de Kalai e Matrai apresentam uma auto-correlação espacial positiva elevada dos produtores de arroz, com um nível de confiança de 95% (valor-z>1,96) e 90% (valor-z>1,65), respetivamente. Não existe nenhuma união com auto-correlação espacial negativa de produtores de arroz a um nível de confiança de 99% (valor-z<-2,58).

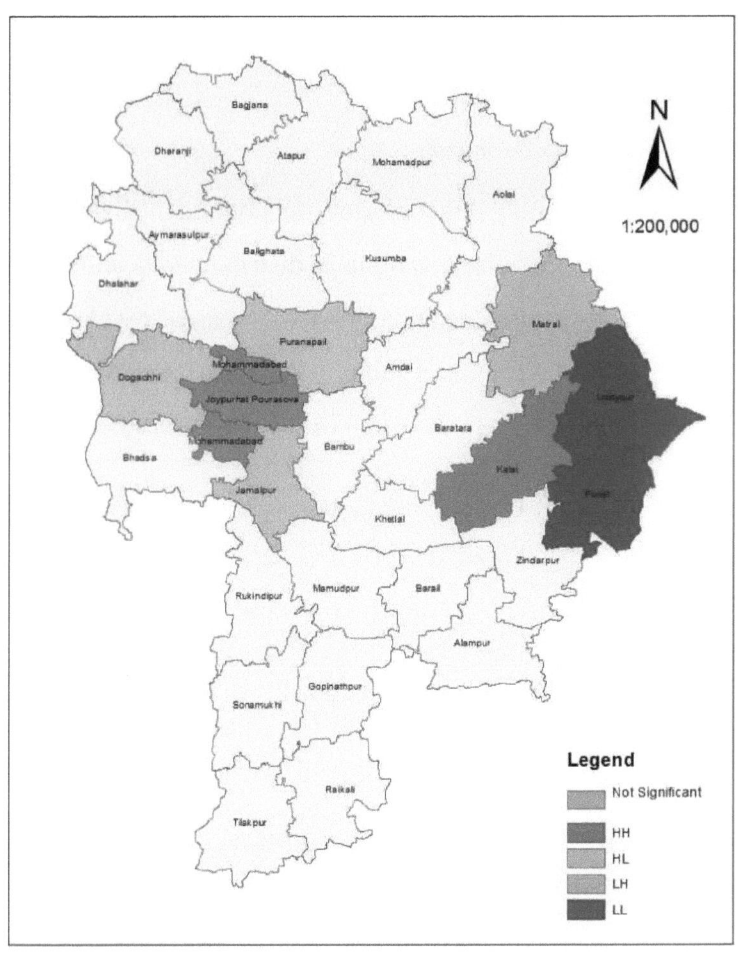

Figura 4.30 Pontos quentes dos produtores de arroz no distrito de Joypurhat

As uniões de Joypurhat Pourasova e Mohammadabad apresentam uma auto-correlação espacial negativa a um nível de confiança de 95% (valor-z<-1,96), enquanto as uniões de Jamalpur, Dogachhi e Puranapail apresentam um nível de confiança de 90% (valor-z<-1,65).

4.9 Mapas no processo do modelo

No modelo, são utilizados mapas de diferentes critérios como entrada. Quando uma ferramenta do modelo é executada, produz-se um mapa que é utilizado como entrada para a fase seguinte ou para a ferramenta seguinte. Assim, ao executar todo o modelo, é criada uma série de mapas. Estes são apresentados sequencialmente.

4.9.1 Mapa de critérios de entrada

Os ficheiros de forma dos critérios de entrada utilizados neste estudo são a rede rodoviária, a linha de distribuição de eletricidade, a linha férrea, as massas de água, os rios e as áreas residenciais. O mapa da Figura 4.31 mostra todas as entradas para encontrar a localização adequada para os moinhos de arroz automáticos.

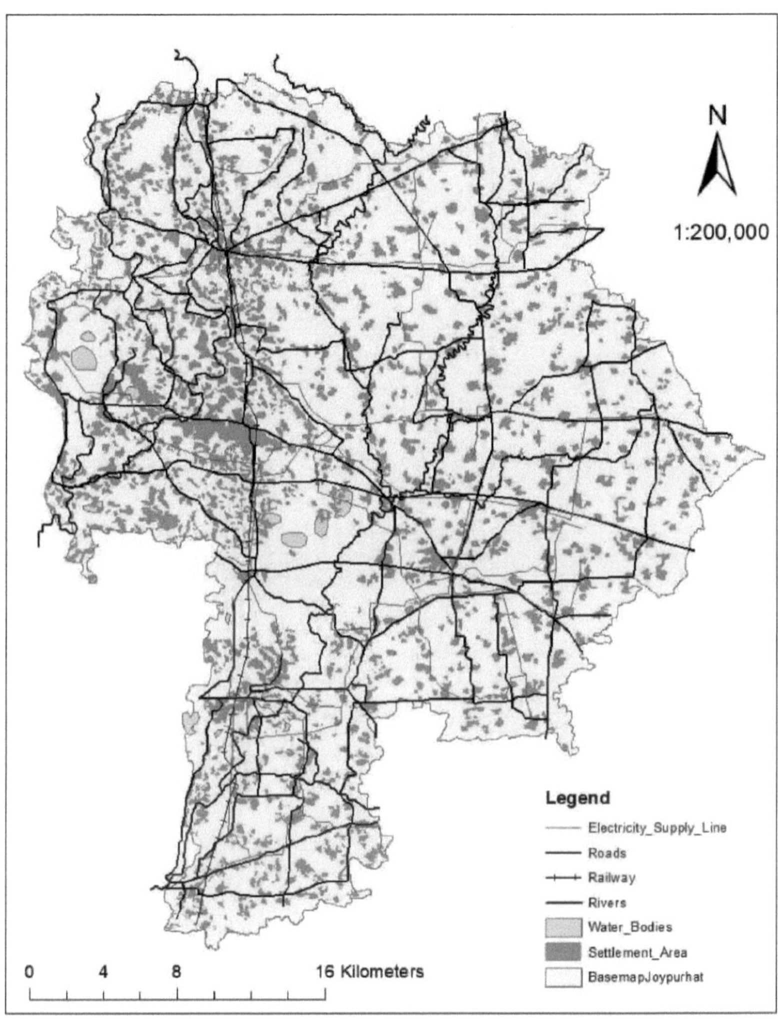

Figura 4.31 Caraterísticas dos critérios de entrada para a seleção automática do local do moinho de arroz

4.9.2 Estradas asfaltadas e tampão da linha de abastecimento de eletricidade

Como requisito obrigatório para os moinhos de arroz automáticos, a proximidade de estradas asfaltadas e da linha de fornecimento de energia eléctrica é uma necessidade. As saídas do Buffer 1 e do Buffer2 são apresentadas em conjunto no mapa da Figura 4.32.

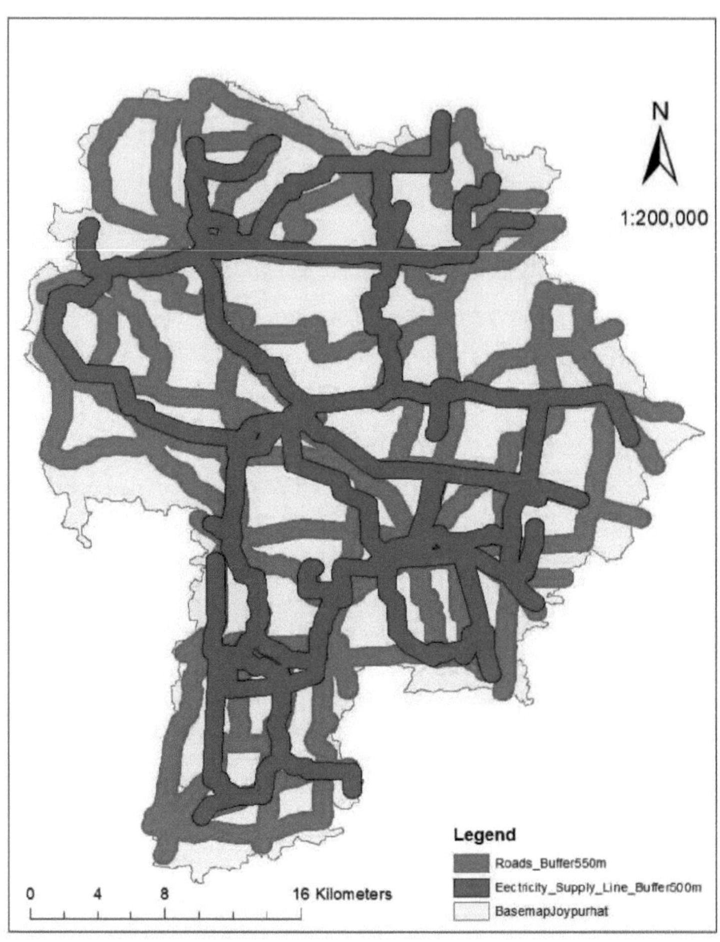

Figura 4.32 Tampão de estradas e tampão de linhas de abastecimento de eletricidade juntos

4.9.3INTERSECÇÃO de estradas asfaltadas e tampão de linhas de abastecimento de eletricidade

Uma vez que tanto a comunicação rodoviária como a alimentação eléctrica têm de estar disponíveis para o funcionamento automático da empresa de descasque de arroz, as áreas comuns próximas são detectadas através da ferramenta Intersect. O mapa na Figura 4.33 mostra o resultado da operação de intersecção. Estas áreas são facilitadas com os requisitos básicos, ou seja, apoios logísticos para o estabelecimento de fábricas automáticas de descasque de arroz.

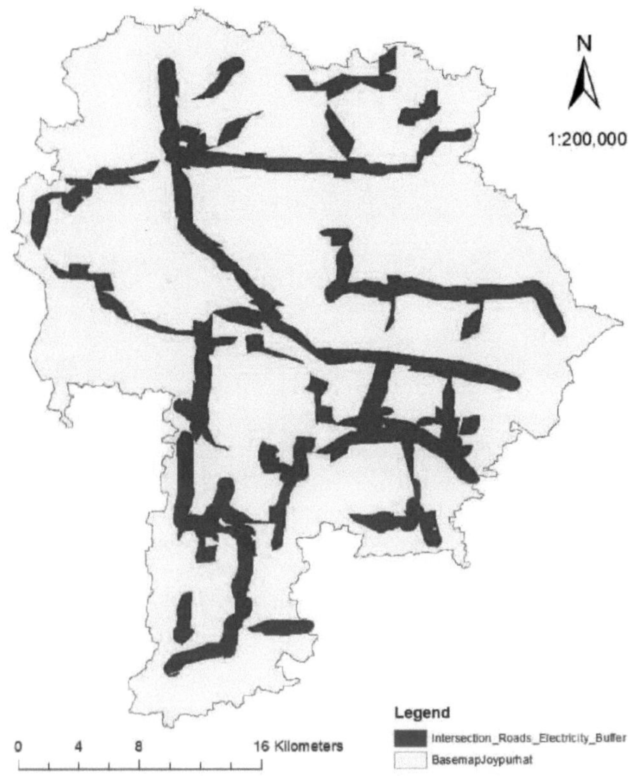

Figura 4.33Intersecção entre a barreira das estradas e a barreira da linha de abastecimento de eletricidade

4.9.4BUFFER de todos os critérios de restrição

São criadas zonas tampão de estradas (50 m), zonas tampão de caminhos-de-ferro, rios, massas de água e três grupos (com base na dimensão) de zonas residenciais. O resultado de sete operações de proteção é apresentado no mapa da Figura 4.34. Estas são as áreas onde os moinhos de arroz automáticos não podem ser instalados, apesar de existirem outros apoios logísticos disponíveis.

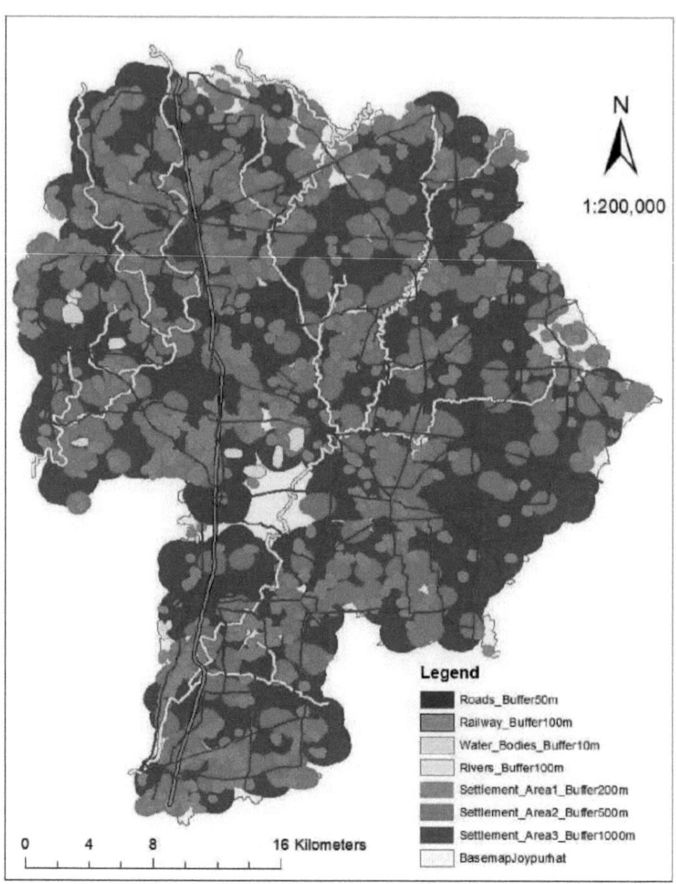

Figura 4.34 Buffers de todos os critérios restritos

4.9.5UNIÃO de todas as restrições

O mapa da Figura 4.35 mostra as áreas onde as fábricas de arroz podem/não podem ser instaladas sem prejudicar o ambiente e sem criar riscos para a saúde pública. Estas áreas são resultado do funcionamento da União de todos os critérios de restrição. Todas estas áreas potenciais podem ser utilizadas para este fim se a rede rodoviária e a rede de abastecimento de energia eléctrica forem alargadas a essas áreas.

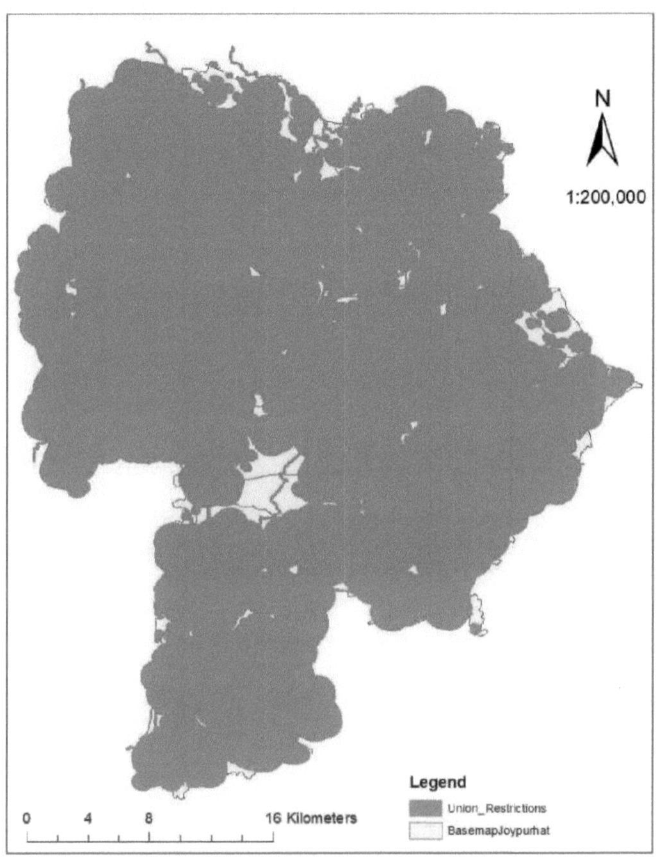

Figura 4.35 União de todas as restrições para o sítio do moinho de arroz automático

4.9.6INTERSECÇÃO entre os critérios necessários e os critérios de restrição

O resultado da UNION dos buffers de critérios restritos e o resultado da INTERSECT dos buffers de critérios obrigatórios são novamente levados para a INTERSECT para que as áreas sem restrições com as instalações necessárias possam ser detectadas separadamente através da ferramenta CON. O mapa da Figura 4.36 mostra as áreas adequadas com as instalações para o funcionamento do moinho de arroz automático, mas restringidas por outros factores.

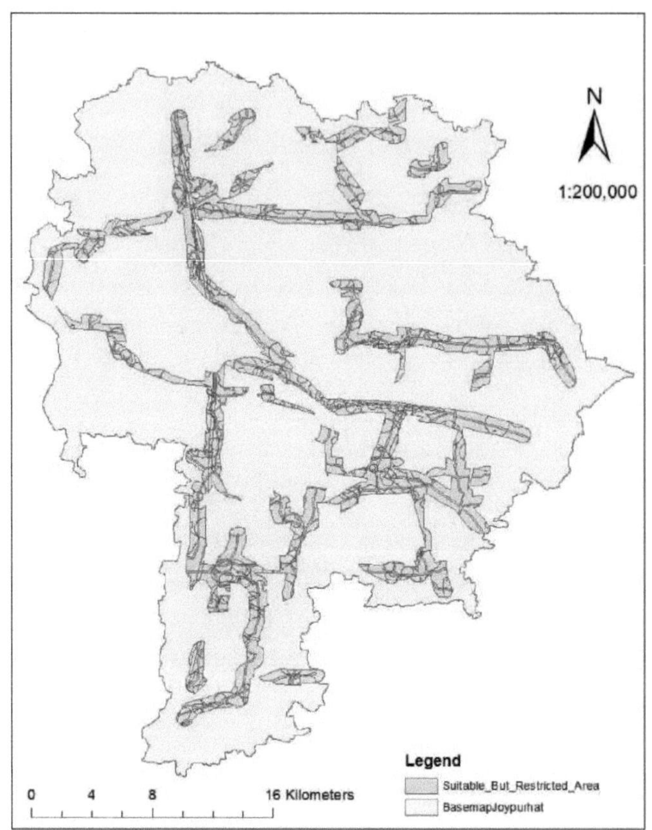

Figura 4.36 Zonas adequadas mas sujeitas a restrições

4.9.7UNIÃO das zonas aptas com restrições e sem restrições

Esta operação UNION inclui zonas adequadas sem restrições com zonas adequadas com restrições com uma identidade única diferente que ajuda a separar as zonas adequadas sem restrições. Estas áreas sem restrições contêm os locais adequados para o moinho de arroz automático. As áreas adequadas comuns são apresentadas no mapa da Figura 4.37.

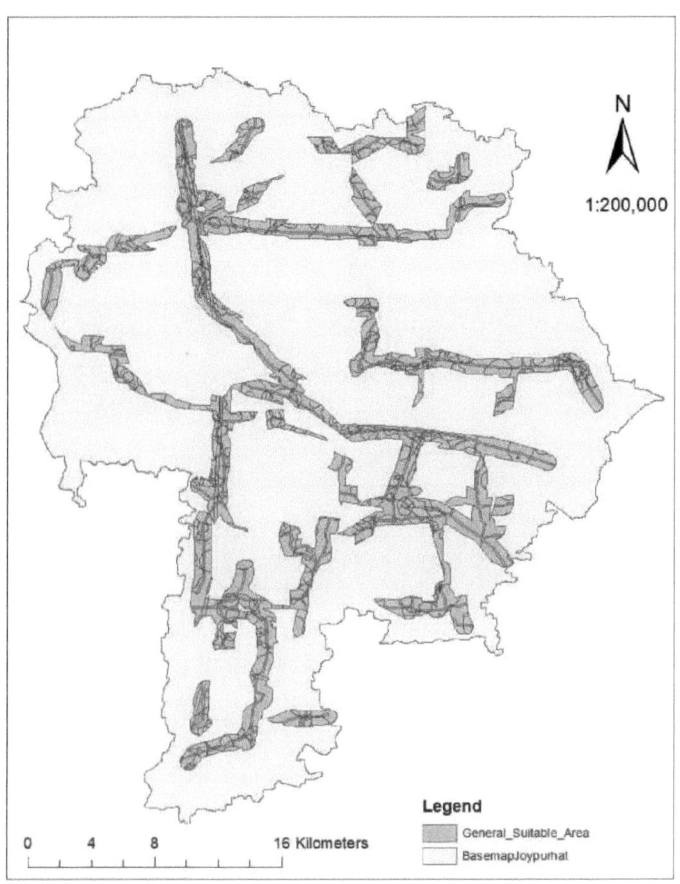

Figura 4.37 Zonas adequadas gerais (restritas ou não restritas)

4.9.8Rasterização e ferramenta CON para separar áreas adequadas sem restrições

Ao utilizar a ferramenta CON, as áreas adequadas sem restrições são separadas das áreas restritas. Para utilizar a ferramenta CON, a rasterização foi efectuada primeiro. O mapa da Figura 4.38 mostra o resultado da operação CON, ou seja, as zonas adequadas livres de restrições.

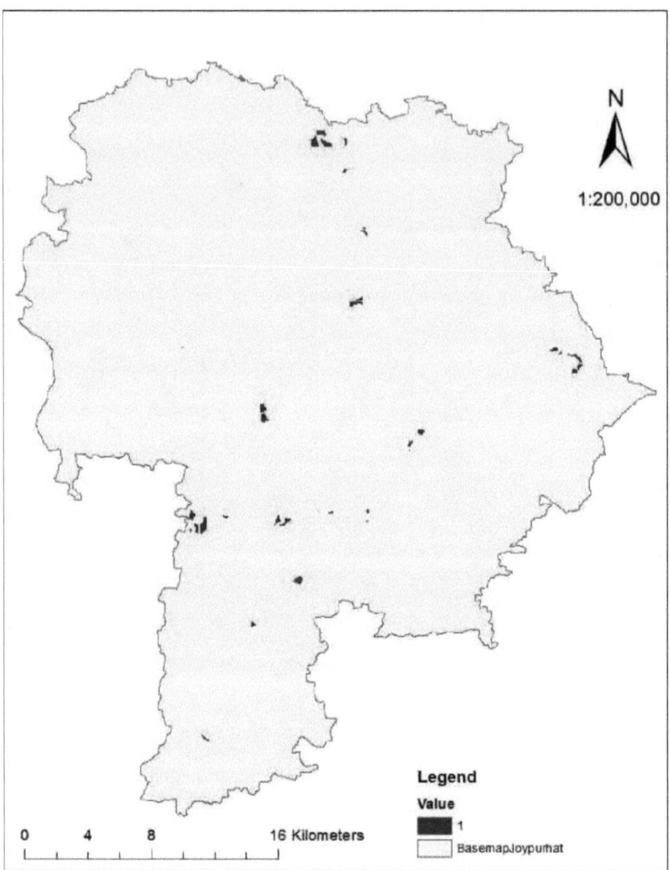

Figura 4.38 Zonas adequadas sem restrições

4.9.9 Operação de rasterização para polígono

Para segregar os locais digitalmente, esta operação de rasterização para polígono é feita de modo a que a área de cada segmento possa ser calculada e selecionada para cumprir o requisito mínimo de área de terreno para a instalação de um moinho de arroz automático. 48 números de polígonos são criados através deste processo e são mostrados no mapa da Figura 4.39.

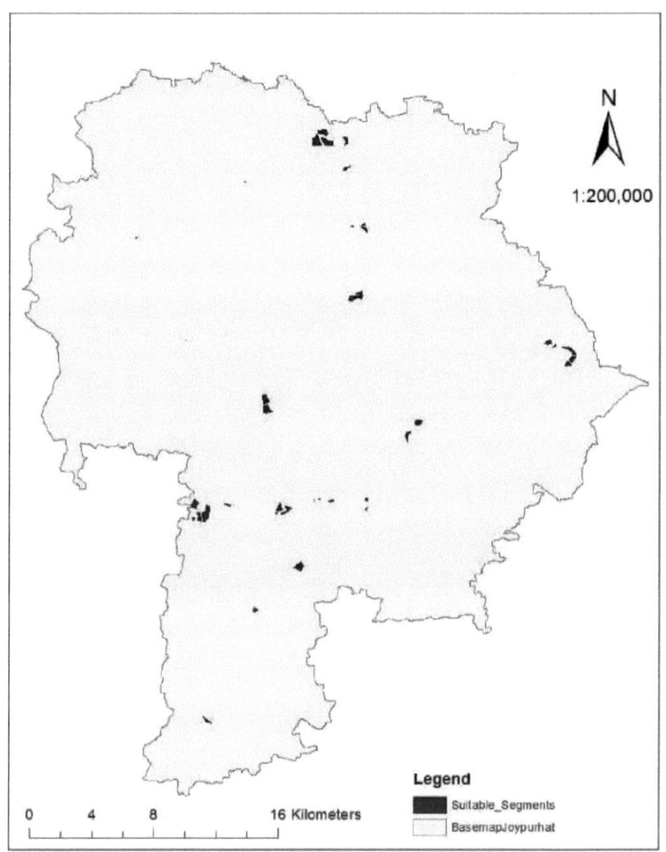

Figura 4.39 Segmentos de áreas adequadas (polígonos)

4.9.10 Sítios candidatos adequados

Dos 48 segmentos, 25 foram considerados sítios candidatos adequados, com uma área mínima de terreno de 25 000 metros quadrados, através da execução do modelo. É o mapa de saída final do modelo de análise espacial, obtido através da ferramenta SELECT, como se mostra na Figura 4.40.

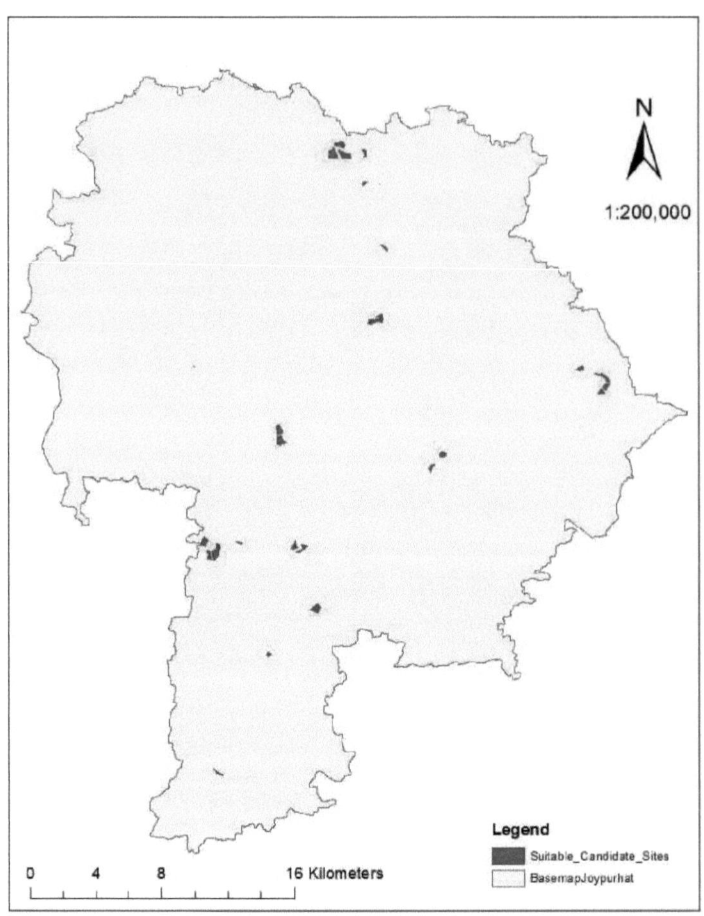

Figura 4.40 Sítios candidatos adequados (área mínima de 25 000 metros quadrados)

4.10 Seleção óptima do local

Depois de obter 25 locais candidatos adequados através da execução do modelo, estes locais foram utilizados como instalações na análise de afetação de locais utilizando a extensão Network Analyst do ArcGIS 10.1. O centro das uniões, ou seja, os blocos agrícolas (num total de 32) foram utilizados como pontos de procura e o volume de produção dessa área respectiva foi utilizado como peso da procura. Através deste processo, foram selecionados 10 locais como locais ideais para cobrir a totalidade das áreas agrícolas. Dado que a zona de estudo é essencialmente rural e que existem muitos tipos diferentes de estradas (com ou sem pavimento, largas ou estreitas) na rede, não existe um modo de velocidade específico. Por este motivo, em vez do tempo em minutos, foi utilizada a distância em metros como impedância.

Para cobrir todos os 32 pontos de procura através destes 10 locais óptimos, a distância mais longa de qualquer ponto de procura é de 28 km. A uma distância de 5 km, podem ser cobertos 11 pontos e 21 pontos a uma distância de 10 km. A 15 km de distância, foram cobertos 27 pontos. Para cobrir os restantes 5 pontos de procura, a distância mais longa aumenta para 28 Km. O corte de impedância (distância) versus pontos de procura é apresentado na Tabela 4.1 e na Tabela 4.2 para a cobertura máxima e a assistência máxima, respetivamente. Estes são apresentados graficamente na Figura 4.41 e na Figura 4.42.

Tabela 4.1 Corte de impedância e n.º de pontos de procura (para maximizar a cobertura)

Corte de impedância (Meter)	N.º de pontos de procura abrangidos
5000	11
10000	22
15000	28
20000	29
25000	30
28000	32

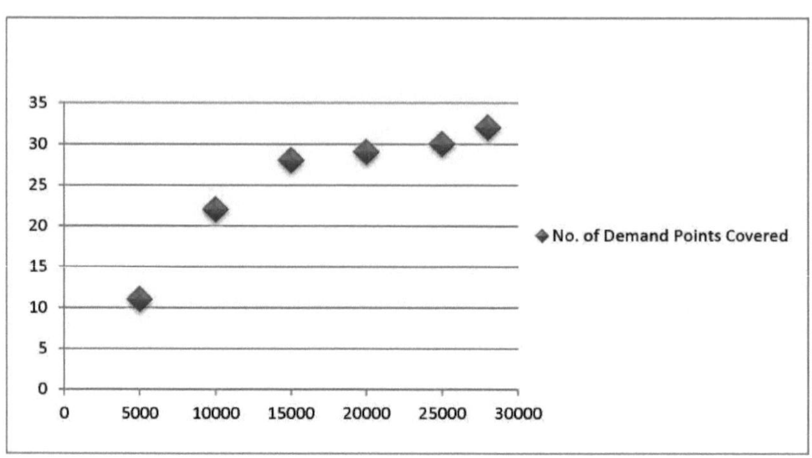

Figura 4.41 Pontos de procura versus distância (para maximizar a cobertura)
Tabela 4.2 Corte de impedância e número de pontos de procura (para maximizar a assistência)

Corte de impedância (Meter)	N.º de pontos de procura abrangidos
5000	11
10000	21
15000	27
20000	29
25000	30
28000	32

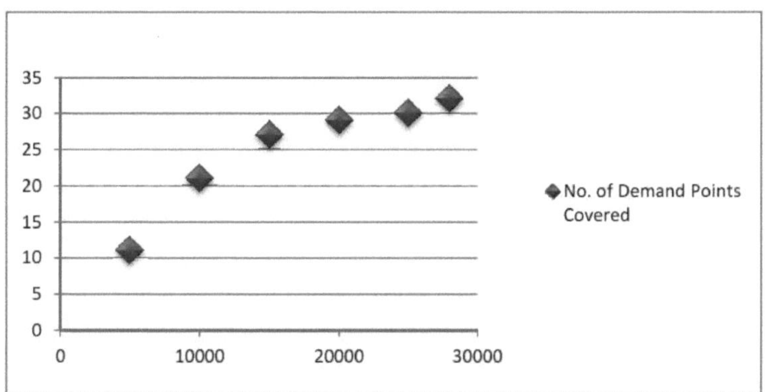

Figura 4.42 Pontos de procura versus distância (para maximizar a assistência)

O mapa da figura 4.43 mostra os dez sítios que cobrem os pontos de procura (centros agrícolas produtores de arroz). O mapa mostra os pontos de procura atribuídos a cada local ótimo.

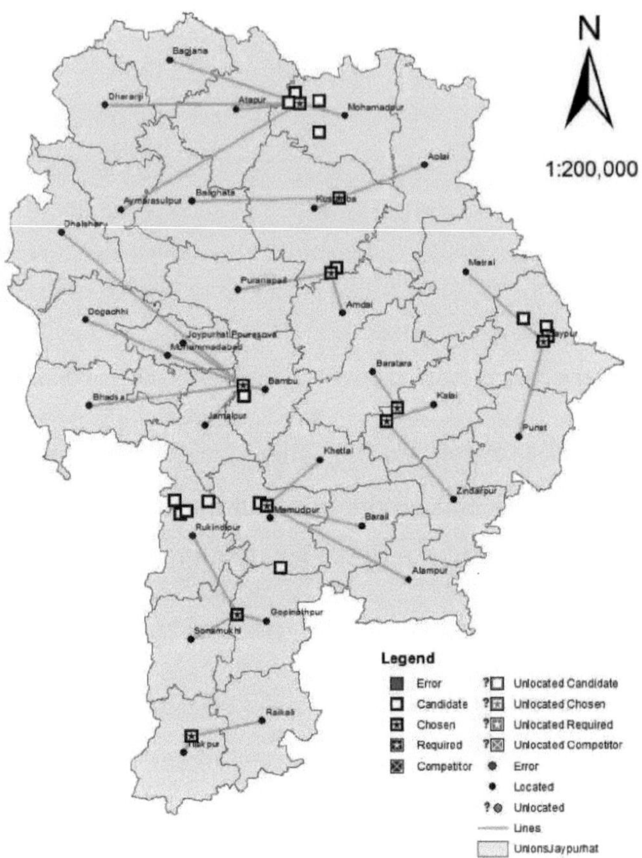

Figura 4.43 Mapa de localização e afetação de sítios adequados

4.10.2 Mapa de locais óptimos

Os locais óptimos selecionados através do processo de atribuição de localização são apresentados no mapa abaixo. De entre 25 locais candidatos adequados, foram detectados 10 locais óptimos através do processo. Foram encontrados os mesmos 10 locais, tanto para a frequência máxima como para a cobertura máxima. Antes de tomar a decisão final de instalar um moinho automático em qualquer um destes 10 locais, os locais devem ser visitados fisicamente para procurar outras questões que podem não ter sido abordadas através deste estudo, mas que existem na realidade.

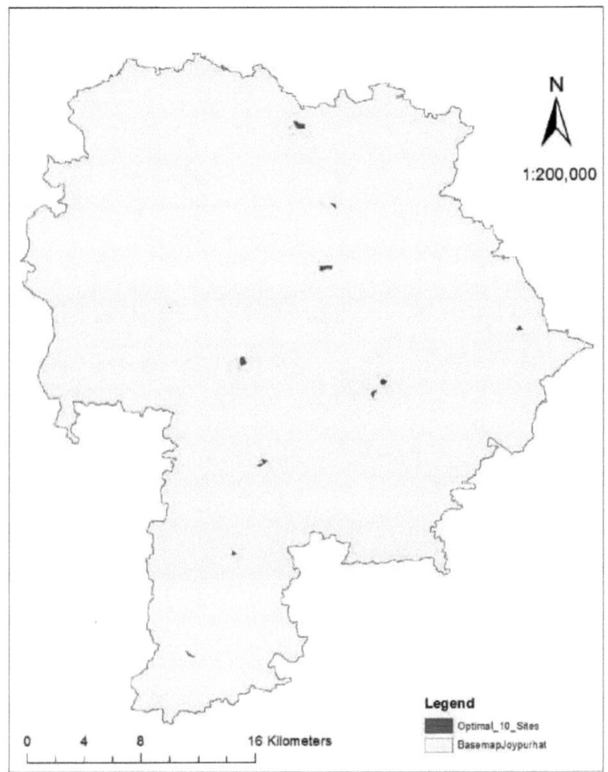

Figura 4.44 10 locais óptimos (em relação à produção de arroz)

4.11 Avaliação dos sítios selecionados

Os sítios selecionados pelo processo são avaliados ou observados com base em diferentes critérios que influenciam a adequação e a importância dos sítios.

4.11.1 Locais óptimos, estradas e linhas de abastecimento de eletricidade

O mapa da Figura 4.45 mostra a posição dos locais óptimos selecionados, a rede rodoviária e as linhas de alimentação eléctrica. Este mapa mostra a adequação dos locais selecionados. Vê-se claramente que todos os locais óptimos estão dentro da distância especificada da rede rodoviária e também das linhas de abastecimento de energia.

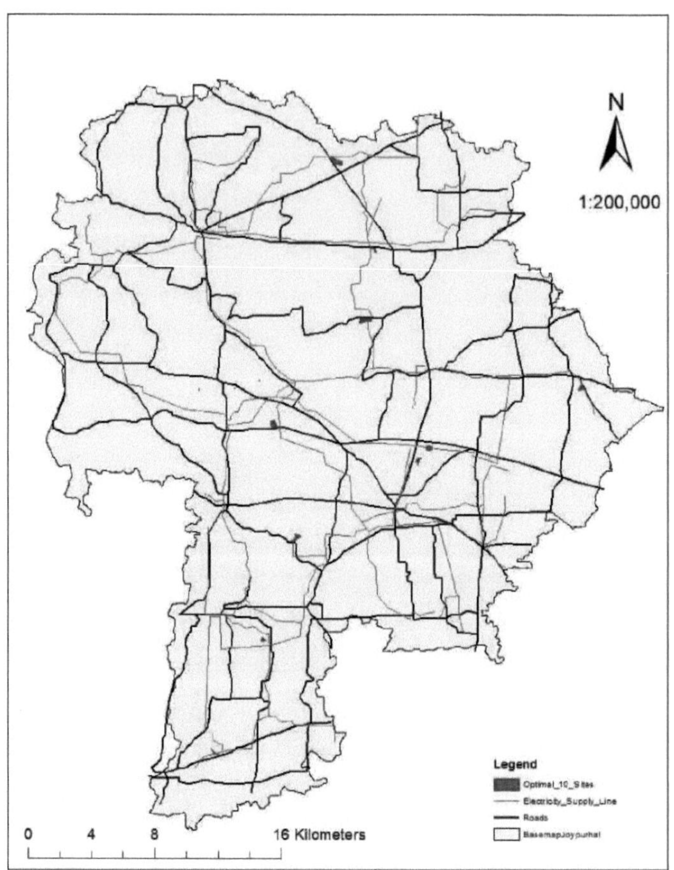

Figura 4.45 Sítios óptimos, estradas e linhas de abastecimento de eletricidade

4.11.2 Zonas de restrição e rede rodoviária e de distribuição de energia eléctrica

A partir do mapa da Figura 4.46, verifica-se que existem algumas áreas potenciais a uma distância segura de todos os tipos de restrições, mas que atualmente não são adequadas devido à falta de rede rodoviária ou de fornecimento de energia. Assim, podem ser criados alguns locais candidatos mais adequados, assegurando o fornecimento de eletricidade. Podem ser preparadas mais áreas adequadas através da expansão da rede rodoviária.

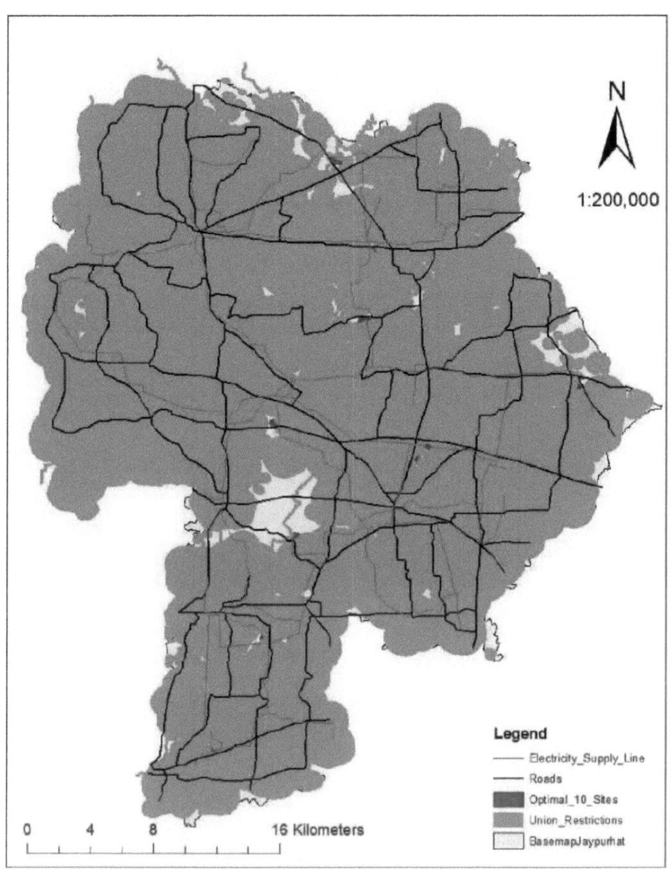

Figura 4.46 Rede Rodoviária e Linhas de Abastecimento de Eletricidade com Áreas Restritas

4.11.3 Locais óptimos e moinhos de arroz automáticos existentes

O mapa da figura 4.47 mostra a posição dos locais óptimos e dos moinhos automáticos existentes. Com a ajuda deste mapa, os novos investidores podem selecionar um local entre estes 10 locais óptimos, tendo em conta a influência da adjacência com os moinhos existentes. Para o efeito, podem também considerar todos os locais candidatos adequados.

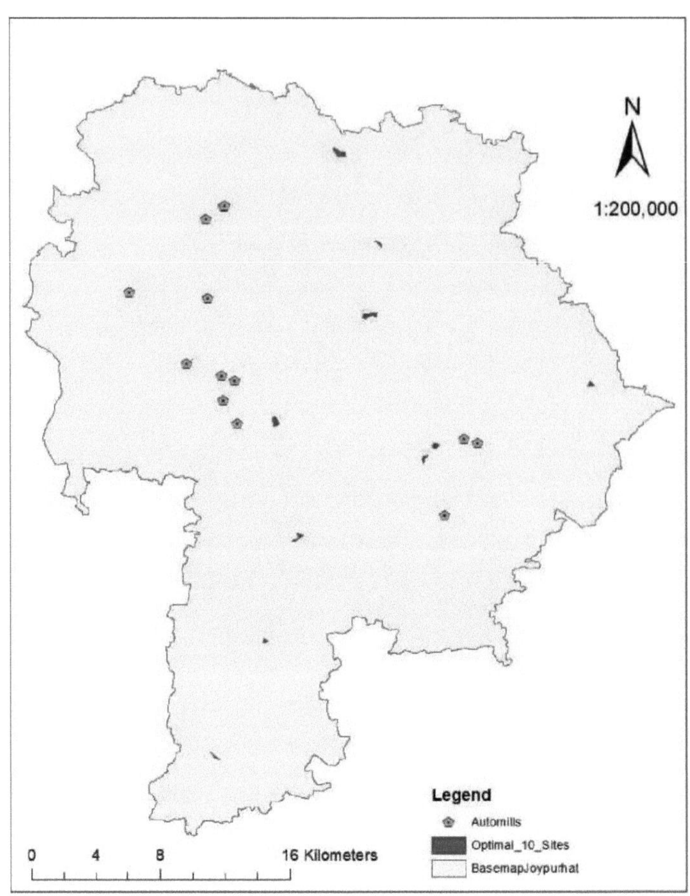

Figura 4.47 Moinhos de arroz automáticos existentes e 10 locais óptimos detectados

4.11.4 Locais óptimos e potenciais moinhos de descasque

A localização dos potenciais moinhos de descasque que estão a ser planeados para serem imediatamente melhorados para moinhos automáticos, juntamente com os locais ideais, é mostrada no mapa da Figura 4.48. A partir desta observação, os potenciais ou promissores proprietários de moinhos de descasque podem decidir se devem procurar um local diferente ou apenas substituir os existentes por novas máquinas de moinhos de arroz automáticos.

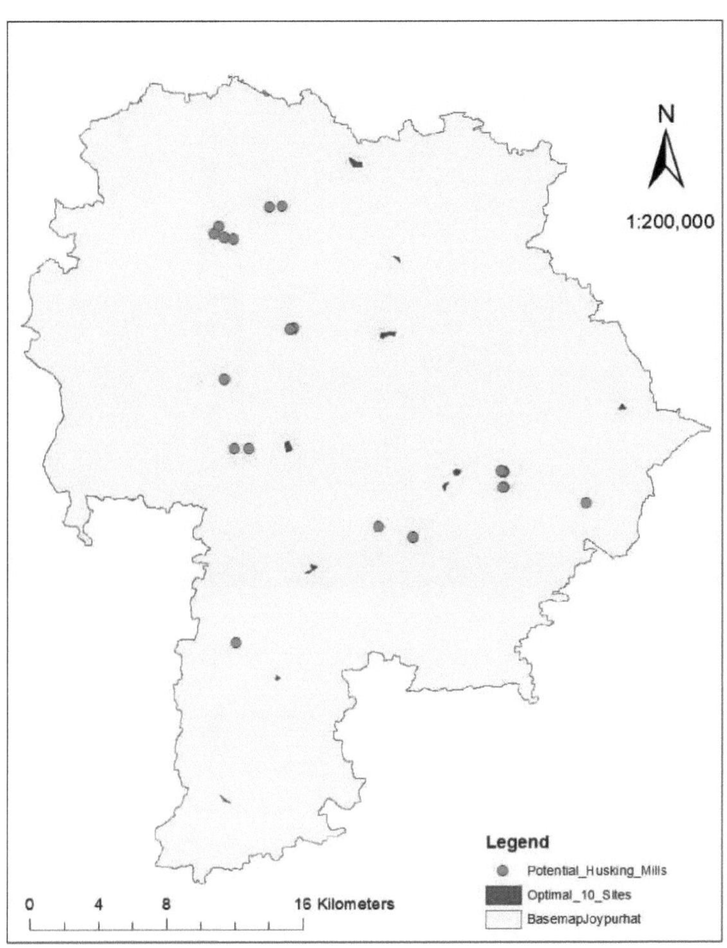

Figura 4.48 Moinhos de descasque potenciais e 10 locais óptimos detectados

4.11.5 Locais óptimos, zonas residenciais e moinhos de inquiridos

A posição dos moinhos inquiridos, ou seja, todos os moinhos automáticos existentes e alguns potenciais moinhos de descasque selecionados, as áreas residenciais e os locais ideais são mostrados no mapa da Figura 4.49. Verifica-se que a maioria dos moinhos está localizada no meio de zonas residenciais. A observação mostra claramente que existe uma tendência dos moleiros para instalar os moinhos perto das zonas urbanas, ignorando os riscos para a saúde dos habitantes da localidade.

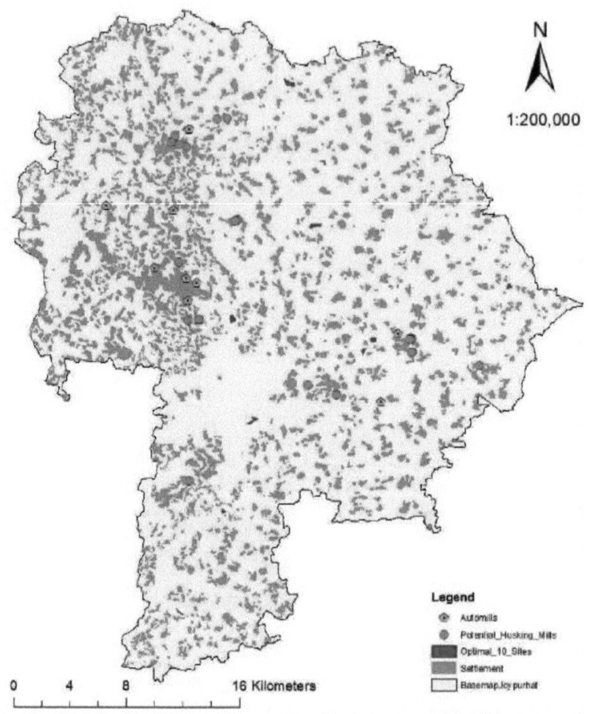

Figura 4.49 Moinhos dos inquiridos, 10 locais óptimos detectados e área de povoamento

4.11.6 Locais óptimos, centros de crescimento e armazéns do Estado (LSD)

No processo de seleção do local ótimo através da abordagem de atribuição de localização, apenas foi considerada a localização dos pontos de procura, ou seja, os centros de produção de arroz, juntamente com o volume de produção. Outros factores, como a posição dos mercados e dos armazéns públicos, não foram tidos em conta. A localização dos mercados e dos armazéns públicos tem grande influência na atividade de moagem de arroz. Assim, antes de selecionar o local para a fábrica automática de arroz, os investidores podem olhar para o mapa da Figura 4.50.

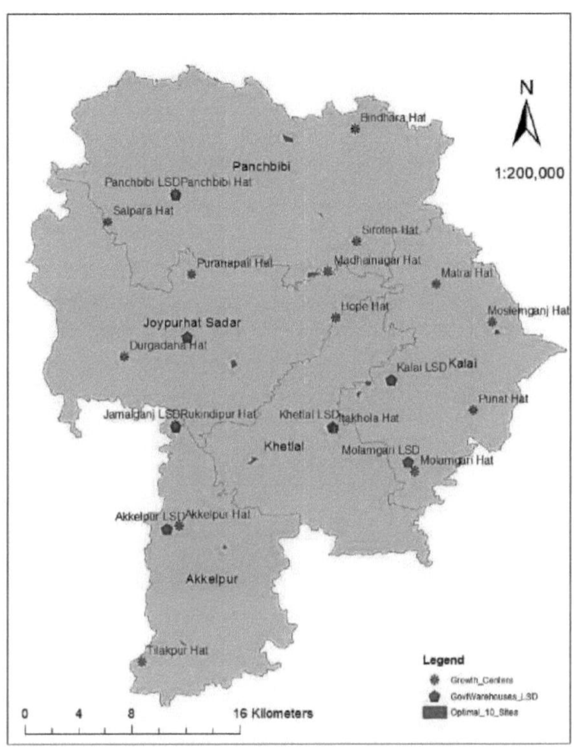

Figura 4.50 Centros de crescimento, entrepostos governamentais (LSD) e locais óptimos

4.11.7 Locais óptimos, centros de crescimento e armazéns do Estado (LSD)

Os investidores também podem escolher os sítios entre os sítios candidatos adequados, como mostra a Figura 4.51. Obviamente, antes de finalizar a escolha do local, devem visitar o local fisicamente, uma vez que podem existir outros obstáculos práticos que não puderam ser abordados no estudo.

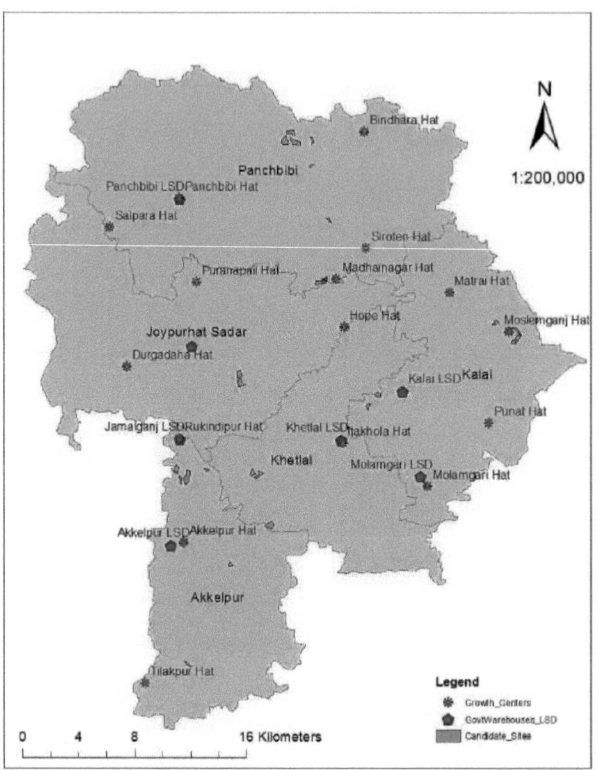

Figura 4.51 Centros de crescimento, armazéns públicos (LSD) e sítios candidatos adequados

CAPÍTULO 5

CONCLUSÃO E RECOMENDAÇÕES

5.1 Resumo

O primeiro objetivo deste estudo foi analisar a distribuição espacial da produção de arroz no Bangladesh. Esta distribuição foi cartografada a nível de distrito e de divisão. Juntamente com a produção anual de arroz (Aman e Boro), a densidade da produção de arroz foi também cartografada a nível distrital e de divisão. A distribuição espacial da produção de arroz revela que os distritos do Noroeste do país produzem mais arroz do que os do Sudeste. A divisão de Dhaka produz a maior quantidade de arroz, enquanto a divisão de Barisal produz a menor. No entanto, a densidade de produção é mais elevada na divisão de Rangpur e a mais baixa na divisão de Chittagong. A densidade da produção de arroz está muito concentrada nos distritos do Norte, como Mymensingh, Jamalpur e Sherpur, da divisão de Daca; em Joypurhat e Bogra, da divisão de Rajshahi; e em Gaibandha, Rangpur, Dinajpur e Thakurgaon, da divisão de Rangpur. A baixa produção de arroz está concentrada em três distritos montanhosos da divisão de Chittagong e nos distritos de Munshiganj e Narayanganj da divisão de Dhaka. A distribuição da produção de arroz na zona de estudo do distrito de Joypurhat, a nível dos subdistritos e das uniões, foi igualmente cartografada. Panchbibi Upazila produz a maior quantidade de arroz, enquanto a densidade de produção de arroz é a mais elevada em KalaiUpazila. A Upazila de Akkelpur tem a produção mais baixa e a Upazila de Joypurhat Sadar tem a densidade de produção de arroz mais baixa dos cinco subdistritos. O volume da produção de arroz é mais elevado nas uniões do Nordeste do que nas da parte sudoeste do distrito de Joypurhat.

O segundo objetivo da investigação era ver a distribuição espacial dos moinhos de arroz existentes. Em vez do número de moinhos, a capacidade total e também a capacidade dos moinhos automáticos foram cartografadas ao nível dos distritos e das divisões do Bangladesh. A distribuição da capacidade de moagem nos sub-distritos do distrito de Joypurhat também foi mapeada. Os mapas foram preparados mostrando a capacidade anual de moagem e normalizados pela produção anual de arroz. A maioria das fábricas de arroz para a produção de arroz estufado está estabelecida nos distritos do Norte. A capacidade global das fábricas de arroz nas divisões de Rajshahi e Rangpur é superior à necessária. A maior parte deles são descascadores normais e deveriam ser transformados em descascadores automáticos. O número e a capacidade das fábricas de arroz na parte sul do país, especificamente na divisão de Barisal, são inadequados. O número e a capacidade das fábricas automáticas de descasque de arroz são igualmente elevados na parte norte do país. Os distritos de Comilla, Chandpur e Noakhali da divisão de Chittagong possuem igualmente um bom número de moinhos automáticos. No distrito de Joypurhat, os moinhos de arroz concentram-se em Kalai Upazila. A Upazila de Khetlal tem alguns moinhos. Os moinhos de arroz automáticos estão maioritariamente localizados em Joypurhat Sadar Upazila, não existindo nenhum em Akkelpur Upazila.

O terceiro e mais importante objetivo do estudo era encontrar locais adequados para a instalação de fábricas automáticas de arroz na zona de estudo do distrito de Joypurhat. Ao correr o modelo várias vezes, encontrou-se um total de 48 locais sem restrições e utilizáveis para a instalação de fábricas automáticas de descasque de arroz. Mas muitos desses locais têm uma área de terreno insuficiente, ou seja, menos de 25 000 metros quadrados, para instalar pelo menos um moinho de arroz automático normal. Entre esses 48 locais, foram encontrados 25 locais adequados com uma superfície de terreno adequada. Destes 25 locais, foram selecionados 10 locais óptimos através da técnica de atribuição de locais para uma cobertura máxima e também para um atendimento máximo dos pontos de procura, ou seja, os centros agrícolas. Pode ser selecionado um número diferente de locais óptimos, tendo em conta outros componentes, como centros de crescimento ou armazéns públicos.

O estudo revelou que nenhuma das 13 fábricas de descasque de arroz automáticas existentes está localizada em locais adequados. Além disso, 22 potenciais descascadores que deveriam ser transformados em breve em descascadores automáticos também não estão situados em locais adequados. Todos eles se encontram no meio de zonas residenciais ou muito perto delas. Por conseguinte, estão situados em zonas restritas.

Os investidores em fábricas de descasque de arroz gostam geralmente de instalar as suas fábricas nos terrenos disponíveis que já possuem ou muito perto do local onde vivem, sem ter em conta outros factores. Como o crescimento populacional no país também é elevado e, em vez da expansão vertical, ainda ocorre a expansão horizontal para acomodar mais pessoas, a área circundante dos moinhos torna-se rapidamente apinhada por assentamentos humanos. Assim, mesmo as fábricas inicialmente instaladas longe das zonas residenciais, tornam-se rapidamente no centro da localidade.

Neste estudo, para a seleção do local adequado para a instalação de fábricas automáticas de descasque de arroz, foram considerados como requisitos básicos a rede rodoviária asfaltada e a linha de abastecimento de eletricidade. A rede rodoviária e a cobertura eléctrica expandem-se com o processo de desenvolvimento. Com a expansão das instalações, mais área se tornará adequada para este fim. A manutenção de uma distância mínima das zonas residenciais é um critério fundamental para a seleção do local da fábrica de arroz. Naturalmente, após o estabelecimento de uma fábrica, o pessoal que trabalha na fábrica tenta viver perto dela e, assim, novas áreas residenciais crescem à sua volta. Uma vez que as fábricas de descasque de arroz são indústrias poluentes e perigosas para a saúde pública, os locais devem ser selecionados principalmente com base na manutenção de uma distância mínima das zonas residenciais e na proximidade das explorações de arroz. Depois de selecionar os locais primários, tendo em conta as questões ambientais, devem ser criadas as instalações necessárias. Deve também ser assegurada uma instalação de drenagem para escoar as águas residuais destes moinhos, embora este critério não tenha sido considerado no presente estudo.

Na área de estudo, há pelo menos um armazém do governo em cada subdistrito (Upazila) para armazenar géneros alimentícios públicos. Estes armazéns funcionam como centros de aprovisionamento durante o programa de aprovisionamento interno gerido pelo governo. Cerca de 10% do arroz produzido pelos moinhos é vendido ao governo e entregue a estes armazéns. Assim, estes armazéns são considerados como pontos de procura ou mercados para os moinhos de arroz automáticos. Juntamente com a localização dos mercados de arroz (fornecimento de factores de produção) e dos mercados de arroz (procura de produtos), a localização dos armazéns alimentares públicos também tem uma influência significativa na seleção do local para uma fábrica automática de arroz.

5.2 Implicações práticas

Neste estudo, a análise espacial é efectuada para atingir três objectivos. Em primeiro lugar, observar a distribuição da produção de arroz e a densidade de produção nos distritos e divisões de todo o país, o distrito de Joypurhat ao nível do subdistrito (Upazila) e da União. Em segundo lugar, observar a distribuição da capacidade dos moinhos de arroz em geral, especificamente a capacidade dos moinhos de arroz automáticos e também normalizada pelo volume de produção de arroz em casca a nível dos distritos e divisões em todo o Bangladesh e no distrito de Joypurhat a nível de Upazila. Em terceiro lugar, encontrar locais adequados e óptimos para as fábricas automáticas de arroz no distrito de Joypurhat. Os resultados destas análises contribuem para a tomada de decisões de investimento no sector da moagem de arroz. Tanto as entidades empresariais a nível local como a nível nacional podem beneficiar deste estudo. A partir dos resultados da análise a nível distrital, os empresários podem obter pistas para novos investimentos destinados a melhorar ou mudar os seus moinhos. As zonas onde a capacidade de moagem é comparativamente elevada não darão espaço a novos operadores; por conseguinte, os moageiros existentes devem optar por atualizar os seus moinhos para moinhos automáticos. Mas as zonas onde a capacidade de moagem não é proporcional à produção de arroz têm muito potencial para efetuar novos investimentos em fábricas automáticas de arroz. A existência de uma economia de aglomeração no sector da moagem de arroz é também detectada através desta análise, pelo que os investidores devem ter em conta este fenómeno. Os empresários locais ou distritais podem utilizar as conclusões do presente estudo no distrito de Joypurhat para modernizar, mudar ou fazer novos investimentos em fábricas automáticas de descasque de arroz.

Um resultado importante deste estudo, ou seja, 10 locais óptimos ou 25 locais candidatos adequados detectados através da execução do modelo, pode ser considerado para a instalação de novas fábricas automáticas de descasque de arroz no distrito de Joypurhat. Este modelo também pode ser utilizado para selecionar locais para fábricas automáticas de arroz noutras áreas que não a área do estudo. Pode ser utilizado para efeitos de seleção de locais para outras unidades de transformação agrícola ou para a seleção de locais para indústrias poluentes, como siderurgias e centrais eléctricas a biomassa, com um mínimo de ajustamentos e personalização.

5.3 Input a nível das políticas

Como indústria poluente, as fábricas de arroz, especialmente as fábricas modernas de arroz em grande escala, têm mais impactos ambientais. Tendo em conta o risco para a saúde pública, o Conselho de Controlo da Poluição da Índia já preparou um guia para a instalação de fábricas modernas de descasque de arroz. Neste guia, são definidos três critérios. Uma dessas diretrizes sublinha que deve ser mantida uma distância mínima das estradas e das zonas residenciais. No entanto, a "Regra de Conservação do Ambiente do Bangladesh de 1997" apenas pedia que não se instalassem indústrias do tipo das fábricas de descasque de arroz nas zonas residenciais, sem qualquer distância mínima a respeitar rigorosamente. Verifica-se que quase todas as fábricas de arroz na área estudada estão situadas no meio ou muito perto das zonas residenciais. Este estudo também se centrou noutros critérios. Dependendo das condições locais, outros países podem também formular políticas ou diretrizes para a instalação de fábricas de descasque de arroz.

A produção de arroz é uma atividade vital para um país populoso como o Bangladesh, onde a maior parte da sua população depende desta cultura alimentar, que é a mais estável durante todo o ano. A atividade moderna de moagem de arroz é benéfica para os investidores, os agricultores e as pessoas comuns. Por conseguinte, os locais adequados selecionados para a instalação de fábricas modernas de descasque de arroz podem ser atribuídos pelo governo para gerir a atividade nesses locais específicos, de modo a que o ambiente não seja afetado e seja saudável. A localização correta das fábricas de descasque automático de arroz garantirá o fornecimento regular de arroz de melhor qualidade no mercado, para satisfazer as necessidades locais e externas. Os agricultores locais também beneficiarão com isso.

5.4 Conclusão

A ferramenta do Sistema de Informação Geográfica é utilizada de muitas formas diferentes para analisar dados espaciais ou não espaciais e visualizar os resultados em mapas. A distribuição espacial da produção de arroz e dos moinhos de arroz em todo o Bangladesh e especificamente no distrito de Joypurhat é discutida e apresentada em mapas. A auto-correlação espacial destes itens através da análise de Cluster & Outlier e Hot Spot é também efectuada, apresentada em mapas e discutida.

O SIG é frequentemente utilizado para selecionar locais adequados para vários fins. O método baseado em vectores é normalmente utilizado para resolver o problema da seleção de sítios. O método baseado em grelha ou raster com Combinação Linear Ponderada (WLC) é utilizado para identificar a classificação dos locais candidatos. Neste estudo, é construído um modelo baseado em vectores para efeitos de seleção automática de locais de implantação de fábricas de arroz. O sistema ModelBuilder da Spatial Analyst Extension do ArcGIS 10.1 é utilizado para selecionar os locais candidatos adequados. Ao executar o modelo repetidamente, é detectado um conjunto estável de locais. Entre os locais candidatos adequados, é selecionado um número específico de locais através da aplicação da abordagem de atribuição de locais utilizando a ferramenta Network Analyst Extension do ArcGIS 10.1. Neste estudo, o volume de produção de arroz dos centros agrícolas é utilizado como peso para os pontos de procura. A quantidade de metros quadrados de área dos sítios candidatos adequados é utilizada como peso das instalações.

5.5 Limitações do estudo

As limitações específicas do estudo são as seguintes

a) No que respeita à produção total de arroz, foram consideradas as duas principais épocas de produção, Boro e Aman. A terceira época agrícola, Aus, não foi incluída, embora também tenha alguma contribuição para a produção total. O serviço local de extensão agrícola não a inclui devido ao seu volume de produção insignificante.

b) Foi considerada a capacidade de moagem apenas das fábricas de produção de arroz estufado, embora existissem várias fábricas de produção de Atap (arroz branco ou simples) em todo o país, incluindo Joypurhat. Não havia informações documentadas sobre pequenos descascadores de arroz que trabalhassem de porta em porta com os agricultores nas aldeias.

c) O mapa das linhas de abastecimento de eletricidade foi recolhido no gabinete local do Rural Electrification Board (REB). Este mapa não cobre a área do município de Joypurhat Pourasova. Devido a esta lacuna, algumas áreas adequadas não foram tidas em consideração. No entanto, é do conhecimento geral que esta área municipal é maioritariamente uma zona de povoamento e densamente povoada. Por conseguinte, logicamente, toda a área é limitada para a instalação de fábricas de descasque de arroz, de modo a manter uma distância mínima das zonas residenciais.

d) Com exceção de algumas brochuras electrónicas de fabricantes de fábricas automáticas de descasque de arroz, existem apenas algumas observações feitas por algum pessoal e pelo governo; por conseguinte, não foi encontrado nenhum estudo sobre a seleção de locais para fábricas específicas de descasque de arroz ou fábricas automáticas de descasque de arroz que possa ser considerado como referência para os critérios de seleção de locais neste estudo.

e) Seria melhor se os pontos de vista de todas as partes interessadas envolvidas nas práticas de descasque de arroz pudessem ser recolhidos ou observados. Neste estudo, apenas foram recolhidos, através de um questionário estruturado, os pontos de vista, as ideias e a experiência dos actuais proprietários/gestores de moinhos automáticos e de alguns outros potenciais proprietários/gestores de moinhos de descasque que consideram a possibilidade de instalar brevemente moinhos automáticos. A perceção dos agricultores, de outros empresários do sector do arroz, de funcionários governamentais, de políticos, de trabalhadores sociais, de especialistas ambientais e de muitos outros poderia ser tida em consideração.

f) Há vários critérios que influenciam a seleção do local para um moinho de arroz automático. Certamente, não foi possível ao investigador abranger e incluir todos esses critérios através da recolha dos dados necessários. Embora a área de estudo seja quase um terreno plano, a camada de elevação também pode ser tida em consideração. A proximidade das áreas a rios, estradas, caminhos-de-ferro e povoações foi considerada e foram impostas restrições com base nas opiniões de um moleiro e na perceção do investigador. Além disso, poderia ter sido considerada a proximidade de locais públicos como escolas, colégios, parques infantis, centros recreativos, parques, mesquitas e centros comunitários.

g) De um ponto de vista económico, o tipo e a qualidade do solo na área de estudo também podem ser considerados para a seleção do local.

h) Na área de estudo, existem linhas aéreas de transmissão de eletricidade de alta tensão (33KV) que passam sobre algumas áreas. Por razões de segurança, deve ser mantida uma distância mínima dessas linhas aquando da seleção do local para os moinhos automáticos. No entanto, este critério não foi utilizado como restrição neste estudo.

5.6 Recomendações

Algumas das limitações do estudo acima referidas poderiam ser evitadas e ultrapassadas se houvesse mais tempo e fundos para enriquecer a base de dados e para uma análise mais crítica. Poderiam ser recolhidos dados ou percepções de outras partes interessadas para além dos proprietários de fábricas, como agricultores, outros empresários, funcionários públicos, políticos e consumidores comuns de arroz. A investigação futura pode centrar-se em cada uma das limitações acima mencionadas, individual ou coletivamente, para aumentar a precisão das conclusões.

Para evitar riscos para a saúde, é essencial manter uma distância mínima das zonas residenciais aquando da seleção dos locais para a instalação de fábricas de descasque de arroz. Atualmente, o departamento estatal do ambiente não exige a distância em relação às zonas residenciais. Apenas proíbe a instalação de moinhos em zonas residenciais. Pode ser efectuada mais investigação para especificar os parâmetros.

Neste estudo de seleção de locais para fábricas automáticas de descasque de arroz, o enfoque foi dirigido principalmente para os aspectos ambientais e os benefícios dos produtores locais de arroz para a venda do seu arroz. São também considerados outros condicionalismos e instalações necessárias. No entanto, este estudo não se centrou nos benefícios do investimento ou na margem de lucro que influenciam aspectos como a proximidade dos mercados, o custo da mão de obra, o custo dos terrenos, etc. Pode ser efectuado um estudo mais exaustivo para considerar estas questões comerciais com mais ênfase.

Neste estudo, apenas foram recolhidos, através de um questionário estruturado, os pontos de vista, as ideias e a experiência dos actuais proprietários/gestores de moinhos automáticos e de alguns outros potenciais proprietários/gestores de moinhos de descasque que estão a pensar instalar moinhos automáticos em breve. Os futuros investigadores podem considerar a perceção e os pontos de vista dos agricultores, de outros empresários do sector do arroz, de funcionários públicos, de políticos, de assistentes sociais, de especialistas em ambiente e de muitos outros, a fim de realizar uma investigação mais abrangente e encontrar melhores soluções para este problema.

O modelo construído neste estudo pode ser aplicado para selecionar locais para diferentes fins industriais, mas com os ajustes necessários, ou seja, acrescentando ou retirando alguns critérios. Os mapas de critérios de entrada e as condições em cada ferramenta podem ser facilmente alterados no modelo e os resultados podem ser obtidos de acordo com as necessidades. Assim, com base neste estudo, os futuros investigadores podem procurar esses critérios importantes para encontrar locais adequados para outras fábricas de transformação de produtos agrícolas ou indústrias poluentes.

Os locais adequados ou óptimos com classificação podem ser selecionados utilizando a Combinação Linear Ponderada (WLC) através de uma análise espacial baseada em mapas. No entanto, a atribuição de pesos a diferentes critérios é sempre uma tarefa difícil e muitas vezes insignificante para alguns parâmetros. Neste estudo, os primeiros locais adequados são encontrados através do modelo de análise espacial. A partir destes locais adequados, podem ser identificados locais óptimos através da técnica de atribuição de localização em diferentes abordagens para satisfazer as necessidades de diferentes aspectos.

REFERÊNCIAS

Abdullah, K. I., Farzana, A., & Mohammad, M. (2013).Rice Availability In Bangladesh: A trend Analysis of last two decades. Dhaka: Revista Universal de Gestão e Ciências Sociais.

Ahiduzzaman, M., & Sadrul Islam, A. K. (2009).Utilização de energia e aspectos ambientais das indústrias de transformação de arroz no Bangladesh.*Anergies, 2*(1), 134-149.

Al-Shalabi, M. A., Bin Mansor, S., Bin Ahmed, N., & Shiriff, R. (2006).*GIS based multicriteria approaches to housing site suitability assessment.* Documento apresentado no XXIII Congresso da FIG, Shaping the Change, Munique, Alemanha, outubro.

Allen, B., Caetano, P., Costa, C., Cummins, V., Donnelly, J., Koukoulas, S., Vendas, D. (2003) *A landfill site selection process incorporating GIS modeling.* Comunicação apresentada nas Actas da Sardenha.

Anónimo. Localização da fábrica e seleção do local. Obtido em http://www.sbioinformatics.com/design_thesis/Sulphuric_acid/Sulfur ic-2520Acid_Plant-2520 Location & Layout.pdf

Anónimo. (2001). Um Guia para uma Unidade de Processamento Industrial. Recuperado em 14 de outubro, 2013, de International Food Safety Consultancy http://www.international-food-safety.com/pdf/

Bangladesh: Rice Is Life (1997): Banco Mundial.

Basaiaoclu, H., Celenk, E., Mariulo, M. A., & Usul, N. (1997). Selection of Waste Disposal Sites Using GIS1: Wiley Online Library.

Basnet, B., Apan, A., & Raine, S. (2000). *Seleção de locais adequados para a aplicação de resíduos animais utilizando um SIG vetorial.* Trabalho apresentado na Conferência da Sociedade de Engenharia na Agricultura.

Basnet, B. B., Apan, A. A., & Raine, S. R. (2001). Seleção de locais adequados para a aplicação de resíduos animais utilizando um SIG raster. *Environmental Management, 28(4),* 519-531.

Berkhuizen, J., de Vries, E., & Slob, A. (1988). Procedimento de assentamento para grandes projectos de energia eólica. *Journal of Wind Engineering and Industrial Aerodynamics, 27*(1), 191-198.

Carver, S. J. (1991). Integração da avaliação multicritério com sistemas de informação geográfica. *International Journal of Geographical Information System, 5*(3), 321-339.

Chang, K.-t. (2010). *Introdução aos sistemas de informação geográfica:* McGraw-Hill New York.

Chowdhury, N. (2010). Price stabilization, market integration and consumer welfare in Bangladesh (Estabilização dos preços, integração do mercado e bem-estar dos consumidores no Bangladesh). *Bangladesh Rice Foundation, fevereiro.*

Church, R. L. (1999). Location modelling and GIS. *Geographical information systems, 1,* 293-303.

Church, R. L., & Murray, A. T. (2009). Seleção do local da empresa, análise da localização e SIG.

Congalton, R. G., & Green, K. (1992). A geographic information.

Coppock, J. T., & Rhind, D. W. (1991). The history of GIS. *Geographical information systems: Principles and applications, 7*(1), 21-43.

Davis, B. E. (2001). *GIS: Uma abordagem visual:* Cengage Learning.

DeMers, M. N. (2009).*GIS for Dummies:* John Wiley & Sons.

Departamento de Alimentação (2013), Relatório sobre a produção estimada de arroz e a capacidade de moagem de arroz.

Development, N. R. C. B. S. T. I. *(1978).Postharvest Food Losses in Developing Countries:* Academia Nacional de Ciências.

Eldrandaly, K. (2007). Sistemas periciais, SIG e tomada de decisões espaciais: Práticas actuais e novas tendências. *Expert systems: research trends,* 207-228.

Eldrandaly, K., Eldin, N., & Sui, D. (2003).A COM-based spatial decision support system for industrial site selection. *Journal of Geographic Information and Decision Analysis, 7*(2), 72-92.

Flamm, K. (1988). *Creating the computer: government, industry, and high technology.* Brookings Institution Press.

Ghaffar, R. A., Chew, T., & Hassan, A. (1988). Funções de custo de secagem e moagem de arroz: Empirical Estimates for Government Processing Complexes in Malaysia. *Pertanika, 77*(2), 283-288.

Regulamento sobre a proteção do ambiente, 1997 (1997).

Gong, D., Gen, M., Yamazaki, G., & Xu, W. (1997).Método evolutivo híbrido para o problema de localização-alocação capacitada. *Computadores e engenharia industrial, 33*(3), 577-580.

Goodchild, M. F. (1984). IL ACS: A Location-Allocation Model for Retail Site Selection.

Diretrizes para (i) a instalação de descascadores de arroz; (ii) o manuseamento e armazenamento de casca de arroz e (iii) o manuseamento, armazenamento e eliminação de cinzas geradas em caldeiras que utilizam casca de arroz como combustível. (2012): Conselho Central de Controlo da Poluição (CPCB) Ministério do Ambiente e das Florestas Governo da Índia, Nova Deli

Gupta, R., Gupta, Y., & Asthana, R. (2003). A Spatial Modelling Approach For Selection Of Residential Sites Using GIS: Um estudo de caso para o bloco Chail do distrito de Kaushambi. *Journal Indian Cartographer, 23,* 76-80.

Hendrix, W. G., & Buckley, D. J. (1992).Utilização de um sistema de informação geográfica para seleção de locais para aplicação de resíduos de esgotos no soloJournal *of Soil and Water Conservation, 47(3)*, 271-275.

Herzog, M. *(1999).Suitability analysis decision support system for landfill siting (and other purposes).* Documento apresentado nas Actas da conferência internacional de utilizadores da ESRI, San Diego, CA, EUA.

Ho, P.-K., & Perl, J. (1995). Warehouse location under service-sensitive demand. *Journal of Business Logistics, 16,* 133-133.

Hossain, M. *(1988).Nature and impact of the green revolution in Bangladesh*: Downloads gratuitos do IFPRI.

Huberman, M., & Miles, M. B. (2002).*The qualitative researcher's companion*: Sage.

Jain, D. K., Tim, U. S., & Jolly, R. (1995). Spatial decision support system for planning sustainable livestock production. *Computadores, ambiente e sistemas urbanos, 19(1),* 57-75.

Jais, V. Importantes medidas para obter lucros na indústria de moagem de arroz fromhttp : / / ezinearticles.com/?Important-Arrangements-to-Make-Profits-in-Rice-Milling-Business&id=7196893

Kar, B., & Hodgson, M. E. (2008).A GIS-Based Model to Determine Site Suitability of Emergency Evacuation Shelters.*Transactions in GIS, 12(2),* 227-248.

Keeney, R. L. (1980). *Siting energy facilities:* Academic Press New York.

Kraenzle, H. (2007). Monitorização de contentores de transporte marítimo utilizando o ARCGIS.

Lee, J., & Wong, D. W. (2001). *Statistical analysis with ArcView GIS (Análise estatística com ArcView GIS):* John Wiley & Sons.

Li, X., & Yeh, A. G. O. (2005).Integração de algoritmos genéticos e SIG para *pesquisa de* localização óptima.*International Journal of Geographical*

Information Science, 19(5), 581-601.

Lim, J. S., Abdul Manan, Z., Hashim, H., & Wan Alwi, S. R. (2013).Optimal Multi-Site Resource Allocation and Utility Planning for Integrated Rice Mill Complex.*Industrial & Engineering Chemistry Research, 52*(10), 3816-3831.

Loken, E. (2007). Utilização de métodos de análise de decisão multicritério para problemas de planeamento energético. *Renewable and Sustainable Energy Reviews, 11(7),* 1584-1595.

Longley, P. (2005). *Geographic information systems and science (Sistemas de informação geográfica e ciência):* John Wiley & Sons.

Louviere, J. J., Hensher, D. A., & Swait, J. D. (2000). *Stated choice methods: analysis and applications:* Cambridge University Press.

Luh, B. S., & Mickus, R. (1991).*Parboiled rice* (Vol. 2): Van Nostrand Reihold: New York.

Luh, B. S., & Mickus, R. R. (1991). Parboiled rice *Rice* (pp. 470-507): Springer.

MacCarthy, B. L., & Atthirawong, W. (2003). Factores que afectam as decisões de localização em operações internacionais - um estudo Delphi. *International Journal of Operations & Production Management, 23(7),* 794-818.

Maclean, J. L., & Hettel, G. P. (2002).*Rice almanac: Source book for the most important economic activity on earth:* Int. Rice Res. Inst.

Mak, S. (1999).*Identificar locais para acomodar usos de armazenamento a céu aberto: A GIS Modeling Approach.* Documento apresentado na Conferência Internacional de Utilizadores Esri.

Malczewski, J. (2004). GIS-based land-use suitability analysis: a critical overview. *Progresso no planeamento, 62(1),* 3-65.

Malczewski, J. (2006). GIS-based multicriteria decision analysis: a survey of the literature. *Revista Internacional de Ciência da Informação Geográfica, 20(7)*, 703-726.

Minten, B., Murshid, K., & Reardon, T. (2012). Mudanças e implicações na qualidade dos alimentos: Evidence from the rice value chain of Bangladesh. *World Development.*

Moses, L. N. (1958). Location and the theory of production. *Quarterly Journal of Economics, 72(2)*, 259-272.

Organização: Instituto Internacional de Investigação do Arroz, P. I. *Organização: Instituto Internacional de Investigação do Arroz, Filipinas (IRRI)*

Parvez, S. (2011). Moinhos de arroz que se tornam automáticos *na economia do Bangladesh.*

Perfil do projeto do Moinho de Arroz Moderno. (2012): Corporação de Desenvolvimento Industrial do Estado de Kerala

Puente, M. C. R., Diego, I. F., Santa María, J. J. O., Hernando, M. A. P., & de Arroyabe Hernaez, P. F. (2007).*O desenvolvimento de uma nova metodologia baseada em SIG e lógica difusa para localizar áreas industriais sustentáveis.* Trabalho apresentado nas Actas da 10th AGILE International Conference on Geographic Information Science. Universidade de Aalborg, Dinamarca.

Queiruga, D., Walther, G., Gonzalez-Benito, J., & Spengler, T. (2008).Avaliação de locais para a localização de instalações de reciclagem de REEE em Espanha.*Gestão de resíduos, 28(1)*, 181-190.

Quiamao, R. B. (2001). *Análise SIG e apresentação cartográfica de um problema de seleção de local.* Comunicação apresentada na 22ª Conferência Asiática de Deteção Remota.

Rachdawong, P., & Apawootichai, S. (2003). Desenvolvimento de critérios de ponderação para a seleção preliminar de locais: Um projeto-piloto da zona industrial de Supanburi. *Desenvolvimento, 25*(6), 774.

Rahman, M. (2010). Optimum Allocation of Super Store in Dhaka City: An Application of Geographic Information System (GIS) and Heuristic Model. *Optimum Allocation of Super Store in Dhaka City: An Application of Geographic Information System (GIS) and Heuristic Model (10 de julho de 2010).*

Rahman, M. M., Sultana, K. R., & Hoque, M. A. (2008). Locais adequados para a eliminação de resíduos sólidos urbanos utilizando uma abordagem SIG na cidade de Khulna, Bangladesh. *Actas da Academia de Ciências do Paquistão, 45*(1), 11-22.

Reisi, M., Aye, L., & Soffianian, A. (2011).*Seleção de locais industriais por SIG em Isfahan, Irão.* Trabalho apresentado na Geoinformatics, 2011 19th International Conference on.

Arroz no Bangladesh. (2013). Bangladesh Rice Research Institute (BRRI) Recuperado de http://www.knowledgebank- brri. org/riceinban .php.

Robson, C. (1997). *Real world research:* Blackwell Oxford.

§ener, B., Süzen, M. L., & Doyuran, V. (2006).Landfill site selection by using geographic information systems, *Environmental Geology, 49*(3), 376-388.

Shi, X., Elmore, A., Li, X., Gorence, N. J., Jin, H., Zhang, X., & Wang, F. (2008).Using spatial information technologies to select sites for biomass power plants: Um estudo de caso na província de Guangdong, *China.Biomass and Bioenergy, 32(1),* 35-43.

Shrestha, R. (2012). Os moinhos de arroz impulsionam a produtividade e a capacidade das pequenas explorações agrícolas de arroz no Laos. Obtido em http://www.snvworld.org/files/publications/soc_laos_rice.pdf

Siddiqui, M. Z., Everett, J. W., & Vieux, B. E. (1996).Landfill siting using geographic information systems: a demonstration. *Journal of environmental engineering, 122(6)*, 515-523.

Sumathi, V., Natesan, U., & Sarkar, C. (2008).GIS-based approach for optimized siting of municipal solid waste landfill. *Waste management, 28*(11), 2146-2160.

Talukder, R. (2005). Food Security, Self-sufficiency and Nutrition Gap in Bangladesh.*The Bangladesh Development Studies*, 35-62.

Tomlin, D. C. (1990). Sistemas de informação geográfica e modelação cartográfica.

Tomlinson, R. F. (1984). Sistemas de Informação Geográfica - uma nova fronteira. *The Operational Geographer, 5*(1), 31-35.

Vahidnia, M. H., Alesheikh, A. A., & Alimohammadi, A. (2009).Seleção do local do hospital utilizando o fuzzy AHP e os seus derivados.*Journal of Environmental Management, 90*(10), 3048-3056.

Vlachopoulou, M., Silleos, G., & Manthou, V. (2001). Geographic information systems in warehouse site selection decisions. *International Journal of Production Economics, 71*(1), 205-212.

Xiao, X., Boles, S., Frolking, S., Li, C., Babu, J. Y., Salas, W., & Moore III, B. (2006).Mapping paddy rice agriculture in South and Southeast Asia using multi-temporal MODIS *images.Remote Sensing of Environment, 100*(1), 95-113.

Yagoub, M., & Buyong, T. (1998).*GIS applications for dumping site selection.* Documento apresentado na Décima Oitava Conferência Anual de Utilizadores ESRI.

Yeung, A. K., & Lo, C. (2002).*Concepts and techniques of geographic information systems:* Prentice Hall.

Zaki-Uz, Z., Mishima, T., Hisano, S., & Gergely, M. c. (2001). The Role of Rice Processing Industries in Bangladesh: A case study of Sherpur District. Universidade de Hokkaido: The Review of Agricultural Economics.

APÊNDICES

Apêndice A: Questionário do estudo

Título da investigação: Análise baseada em GIS para determinar locais adequados para moinhos de arroz automatizados em Bangladesh: Um estudo de caso do distrito de Joypurhat

Questionário para miller

1. Nome do moinho: Tipo: Descascador/Automático

2. Localização do moinho:

Localização administrativa: União..................... Upazila ....

Geo-localização:

Latitude ....Longitude ....

3. Nome do inquirido .... Idade.............. Cargo
.... Educação........................

4. Quando é que foi criado?

Dia .... Mês .... Ano ....

5. Superfície total do terreno das instalações do moinho ....
Decimal

6. Estado do fornecimento de eletricidade; tensão de fornecimento
.... Perda de carga por
dia .... Hora

7. Capacidade de produção; por hora .... MT, por dia
.... MT, por quinzena .... TM

8. Rácio médio arroz paddy: Paddy/Rice ....

9. Capacidade total do(s) go-down(s) ....

10. Humidade máxima do arroz utilizado para......................... %

11. como se compra o arroz? Assinale a resposta correta

(a) Diretamente dos agricultores

(b) Através de terceiros

(c) Do mercado

d)

Outros ....

12. É possível utilizar o arroz trazido diretamente do campo durante a colheita?

tempo? ....

13. Tem algum contrato com os agricultores para a compra de arroz?

Sim/Não ....

Se sim , então como é o contrato? ....

14. Os agricultores estão interessados em vender o arroz diretamente ao moinho?

Sim/Não ....

15. Algum problema no fornecimento de arroz? ....

16. Onde é que se vende o arroz produzido? ....

17. Há algum problema com a venda de arroz? ....

18. O que é que se faz com os subprodutos (arroz quebrado, casca, farelo, etc.)?

19. Algum problema em obter o Labours? ....

20. Acha que a localização da sua fábrica é adequada para a sua empresa?

....

21. Tencionam instalar mais fábricas automáticas ou aumentar a sua capacidade? Sim/Não ....

22. Os produtores locais de arroz serão beneficiados se forem criadas mais fábricas automáticas de arroz? Sim/Não ....

23. Que factores devem ser considerados na seleção do local de implantação de um moinho de arroz automático?

Classificação e alcance

Descrição do artigo	Ordem de preferência	Máximo/Mínimo
Distância do centro de crescimento/agricultores		
Distância do mercado de arroz paddy/arot		
Distância das auto-estradas		
Distância dos rios		
Distância dos moinhos existentes		
Distância da linha de alimentação eléctrica		
Distância das zonas residenciais		
Outro(s) artigo(s)		

24. Comentário (se for o caso)

Obrigado pela vossa colaboração

Apêndice B

Perceção dos inquiridos sobre os diferentes critérios para a seleção do local do moinho de arroz automático

Mill Name	Respondent's Name	Mill Type	Dist. Farm	Dist. Mkt GC	Dist. Roads	Dist. Rivers	Dist. Ex-Mill	Dist. _Elect_Supply	Min_Dist. RA
FR Food Industries	Johurul Islam	Auto	2000	2000	100	n/a	100	100	1000
Nurjahan Auto	Abdul Mannan	Auto	1000	5000	100	n/a	50	100	1000
Uttara Auto Rice	Moniruzzaman	Auto	1500	5000	100	n/a	3000	50	1000
Bari Auto Rice	Aminul Bari	Auto	10000	2000	100	n/a	n/a	70	1000
NB Automatic Rice	Shariful Islam	Auto	5000	15000	100	n/a	n/a	100	1000
NS Automatic Rice	Ajit Kumar Chakraborty	Auto	1000	2000	100	n/a	n/a	100	2000
Mondal Auto Rice	Nafis Hakim Mondal	Auto	1000	2000	100	n/a	n/a	100	400

Mill Name	Respondent's Name	Mill Type	Dist. Farm	Dist. Mkt GC	Dist. Roads	Dist. Rivers	Dist. Ex-Mill	Dist. _Elect_Supply	Min_Dist. RA
Kawser Rashid Auto	Mozaffor Hossain	Auto	3000	10000	50	100	n/a	50	1000
Taj Automatic Rice	MdMabud Hossain	Auto	1000	7000	500	100	100	100	1000
Ma Rezia Rice Mill	Suzaul Islam	Auto	2000	10000	50	500	n/a	50	1000
Talukdar Auto Rice	ShahidulTalukdar	Auto	2000	5000	50	100	n/a	50	1000
Firoza Auto Rice	Md Abdul Bari	Auto	5000	10000	50	100	n/a	50	1000
Maria Auto Rice	Md. Jahirul Islam	Auto	2000	2000	100	100	100	100	1000
Shaikh Rice Mill	Moshiur Rahman	Husking	2000	1000	100	n/a	n/a	100	5000
Mondal Rice Mill	Md. Bakul	Husking	3000	5000	100	n/a	100	100	1000
Jasim Rice Mill	Md. Belal Hossain	Husking	1000	5000	100	n/a	100	100	500

Mill Name	Respondent's Name	Mill Type	Dist. Farm	Dist. MktGC	Dist. Roads	Dist. Rivers	Dist. Ex-Mill	Dist. _Elect_Supply	Min_Dist. _RA
Molla Rice Mill	Md. HannanMolla	Husking	1000	5000	100	n/a	100	100	1000
Hasnahena Rice Mill	AnamulHaque	Husking	1000	5000	100	n/a	100	100	1000
Asadullah Rice Mill	Md. Jewel Azad	Husking	1000	5000	100	n/a	50	100	1000
Lucky Rice Mill	Ruku	Husking	3000	5000	50	n/a	100	100	500
Mondol Rice Mill	Abdul Wadud	Husking	1000	5000	50	n/a	100	100	1000
Shathi Rice Mill	Ayub Ali	Husking	2000	5000	100	n/a	100	100	1000
Munshi Rice Mill	Md. Hannan	Husking	1000	3000	100	n/a	100	100	1000
Amir Rice Mill	Md. Amir Uddin	Husking	1000	5000	100	n/a	100	100	1000

Mill Name	Respondent's Name	Mill Type	Dist. Farm	Dist. MktGC	Dist. Roads	Dist. Rivers	Dist. Ex-Mill	Dist. _Elect_Supply	Min_Dist. _RA
Nur Mohammad Rice Mill	Md. Razibul Islam	Husking	1000	4000	100	n/a	100	100	1000
Bhai Bhai Rice Mill	Md. Golam Rabbani	Husking	3000	5000	100	n/a	100	100	1000
Begum Rice Mill	Md. Zahid Hasan	Husking	1000	2000	100	n/a	100	100	1000
MS Rice Mill	Chan Mia	Husking	2000	5000	100	n/a	100	100	1000
Rita Rice Mill	Md. Kamruzzaman	Husking	1000	5000	100	100	100	100	1000
Ayesuddin Rice Mill	Sakhawat Hossain	Husking	1000	10000	50	n/a	n/a	50	2000
Bangladesh Rice Mill	Shakhawat Mondal	Husking	1000	2000	100	500	50	50	2000

Mill Name	Respondent's Name	Mill Type	Dist. Farm	Dist. MktGC	Dist. Roads	Dist. Rivers	Dist. Ex-Mill	Dist. _Elect_Supply	Min_Dist. RA
Rehana Rice Mill	Tofazzal Hossain	Husking	2000	2000	100	500	50	50	2000
Mahin Rice Mill	Golam Mostafa	Husking	5000	5000	50	500	n/a	50	1000
Rupali Rice Mill	Jahurul Islam	Husking	1000	2000	50	n/a	100	100	1000
Bhai Bhai Rice Mill	Md. Rezaul Haque	Husking	1000	5000	50	50	50	100	1000
Mode value			1000	5000	100	100	100	100	1000
Maximum value			10000	15000	500	500	3000	100	5000
Mean value			2071	4943	97	241	210	86	1183
Median			1000	5000	100	100	100	100	1000

Apêndice C

Informações sobre a produção de arroz e as fábricas de arroz de cada distrito do Bangladesh

Division	District	Paddy Production (MT)	Area (Sq km)	Producti on Density	No of Auto Mills	Fortnightly Capacity of Auto Mills	Annual Capacity of Auto Mills	Fortnightl y Capacity of All Mills	Annual Capacity of All Mills
Barisal	Barishal	468460	2785	168	0	0	0	662	15888
Barisal	Jhalokathi	114583	749	153	1	160	3840	160	3840
Barisal	Pirojpur	192586	1308	147	0	0	0	0	0
Barisal	Bhola	546250	3403	161	0	0	0	113	2712
Barisal	Borguna	177542	1831	97	0	0	0	172	4128
Barisal	Patuakhali	441575	3221	137	1	50	1200	750	18000
Chittagong	Bandarban	56320	4479	13	0	0	0	0	0

Division	District	Paddy Production (MT)	Area (Sq. km)	Producti on Density	No of Auto Mills	Fortnightly Capacity of Auto Mills	Annual Capacity of Auto Mills	Fortnightl y Capacity of All Mills	Annual Capacity of All Mills
Chittagong	Chittagong	665875	5283	126	0	0	0	464	11136
Chittagong	Cox's Bazaar	399686	2492	160	0	0	0	0	0
Chittagong	Brahmanbaria	520225	1927	270	2	640	15360	29986	719664
Chittagong	Chandpur	306978	1704	180	17	2992	71808	2992	71808
Chittagong	Comilla	937931	3085	304	48	7856	188544	9689	232536
Chittagong	Khagrachari	116363	2700	43	0	0	0	0	0
Chittagong	Feni	282700	928	305	4	806	19344	1284	30816
Chittagong	Lakshmipur	310447	1456	213	4	664	15936	701	16824
Chittagong	Noakhali	537356	3601	149	27	3159	75816	4215	101160
Chittagong	Rangamati	56374	6116	9	0	0	0	0	0

Division	District	Paddy Production (MT)	Area (Sq. km)	Production Density	No of Auto Mills	Fortnightly Capacity of Auto Mills	Annual Capacity of Auto Mills	Fortnightly Capacity of All Mills	Annual Capacity of All Mills
Dhaka	Dhaka	219698	1464	150	4	628	15072	1763	42312
Dhaka	Gazipur	337857	1800	188	42	4952	118848	6602	158448
Dhaka	Manikganj	320623	1379	233	0	0	0	537	12888
Dhaka	Munshiganj	103797	955	109	5	1675	40200	4148	99552
Dhaka	Narayanganj	114873	759	151	6	1301	31224	1959	47016
Dhaka	Narsingdi	303712	1141	266	0	0	0	1454	34896
Dhaka	Rajbari	165286	1119	148	0	0	0	841	20184
Dhaka	Faridpur	253911	2073	122	1	164	3936	1297	31128
Dhaka	Gopalganj	389805	1490	262	0	0	0	1931	46344

Division	District	Paddy Production (MT)	Area (Sq. km)	Production Density	No of Auto Mills	Fortnightly Capacity of Auto Mills	Annual Capacity of Auto Mills	Fortnightly Capacity of All Mills	Annual Capacity of All Mills
Dhaka	Madaripur	198146	1145	173	0	0	0	5800	139200
Dhaka	Shariatpur	163914	1182	139	0	0	0	463	11112
Dhaka	Jamalpur	792180	2032	390	14	4460	107040	36659	879816
Dhaka	Sherpur	547724	1364	402	10	3120	74880	42825	1027800
Dhaka	Kishoreganj	825605	2689	307	3	918	22032	7422	178128
Dhaka	Mymensingh	1654560	4363	379	21	3262	78288	45576	1093824
Dhaka	Netrakona	999236	2810	356	4	1052	25248	30099	722376
Dhaka	Tangail	843471	3414	247	15	2354	56496	30706	736944
Khulna	Jessore	1040324	2567	405	8	3286	78864	19846	476304

Division	District	Paddy Production (MT)	Area (Sq. km)	Production Density	No of Auto Mills	Fortnightly Capacity of Auto Mills	Annual Capacity of Auto Mills	Fortnightly Capacity of All Mills	Annual Capacity of All Mills
Khulna	Jhenaidah	560103	1961	286	8	1248	29952	15131	363144
Khulna	Magura	284590	1049	271	0	0	0	5738	137712
Khulna	Narail	249426	990	252	0	0	0	2638	63312
Khulna	Bagerhat	324425	3959	82	1	571	13704	1639	39336
Khulna	Khulna	426820	4394	97	7	2335	56040	8844	212256
Khulna	Satkhira	536084	3858	139	0	0	0	10935	262440
Khulna	Chuadanga	256692	1177	218	1	527	12648	6512	156288
Khulna	Kustia	349858	1601	219	9	1969	47256	20260	486240
Khulna	Meherpur	153915	579	266	0	0	0	981	23544

Division	District	Paddy Production (MT)	Area (Sq. km)	Production Density	No of Auto Mills	Fortnightly Capacity of Auto Mills	Annual Capacity of Auto Mills	Fortnightly Capacity of All Mills	Annual Capacity of All Mills
Rajshahi	Bogra	1344548	2920	460	20	8167	196008	86144	2067456
Rajshahi	Joypurhat	545071	965	565	13	4641	111384	27959	671016
Rajshahi	Pabna	404581	2372	171	5	1771	42504	53967	1295208
Rajshahi	Sirajganj	695490	2498	278	1	406	9744	11096	266304
Rajshahi	Naogaon	1302042	3436	379	36	17206	412944	71180	1708320
Rajshahi	Natore	424275	1896	224	2	985	23640	28520	684480
Rajshahi	Nawabganj	317290	1703	186	14	5293	127032	10390	249360
Rajshahi	Rajshahi	458002	2407	190	3	1749	41976	12278	294672

Division	District	Paddy Production (MT)	Area (Sq. km)	Production Density	No of Auto Mills	Fortnightly Capacity of Auto Mills	Annual Capacity of Auto Mills	Fortnightly Capacity of All Mills	Annual Capacity of All Mills
Rangpur	Dinajpur	1301408	3438	379	122	35874	860976	121791	2922984
Rangpur	Panchagarh	361821	1405	258	4	664	15936	17956	430944
Rangpur	Thakurgaon	634098	1810	350	4	682	16368	71527	1716648
Rangpur	Gaibandha	821159	2179	377	3	1878	45072	28624	686976
Rangpur	Kurigram	719564	2296	313	1	437	10488	20647	495528
Rangpur	Lalmonirhat	434779	1241	350	1	156	3744	15894	381456
Rangpur	Nilphamari	624851	1580	395	8	2734	65616	20816	499584
Rangpur	Rangpur	941466	2368	398	5	820	19680	24956	598944
Sylhet	Habiganj	568581	2637	216	4	1117	26808	2710	65040

Division	District	Paddy Production (MT)	Area (Sq. km)	Production Density	No of Auto Mills	Fortnightly Capacity of Auto Mills	Annual Capacity of Auto Mills	Fortnightly Capacity of All Mills	Annual Capacity of All Mills
Sylhet	Moulvibazar	458079	2799	164	0	0	0	514	12336
Sylhet	Sunamganj	941939	3670	257	2	659	15816	1117	26808
Sylhet	Sylhet	600118	3490	172	4	653	15672	1422	34128
Total		32447048	147492	234	515	136041	3264984	993302	23839248

Apêndice D

Informações sobre a produção de arroz e os moinhos de arroz do distrito de Joypurhat ao nível da Upazila

Upazila	Paddy Production (MT)	Area (Sq. km)	Production Density	Total No. of Mills	Fortnightly Capacity of All Mills	Annual Capacity of All Mills	No of Auto Mills	Fortnightly Capacity of Auto Mills	Annual Capacity of Auto Mills
Panchbibi	150953	278.53	541.96	78	5433	130392	3	1390	33360
Joypurhat Sadar	125038	238.54	524.18	103	6709	161016	7	2401	57624
Kalai	106471	166.3	640.23	211	10002	240048	2	686	16464
Khetlal	87466	142.6	613.37	57	2606	62544	1	164	3936
Akkelpur	75143	139.47	538.78	61	3208	76992	0	0	0
Total	545071	965.44	564.58	510	27958	670992	13	4641	111384

Apêndice E

Informações básicas sobre os moinhos de arroz automáticos existentes na área de estudo

Name of Mill	Name of Union	Name of Upazila	Responde nt Name	Age	Position	Educ ation	Year of Esta blish ment	Land Area (Deci mal)	Elect ricity	Fortni ght Capaci ty (MT)	Godown Capacity (MT)
FR Food Industries	Joypurhat Pourasova	Joypurhat	Johurul Islam	43	Manager	B Com	2000	300	11kv	600	3000
Nurjahan Auto	PuranaPail	Joypurhat	Abdul Mannan	38	Proprietor	HSC	1991	180	11kv	1008	5000
Uttara Auto Rice	Jamalpur	Joypurhat	Moniruzza man	38	Manager	B Com	2013	150	11kv	360	425
Bari Auto Rice	JoypurhatPo urasova	Joypurhat	Aminul Bari	53	Owner	LLB	1990	95	3-phas e 440	360	800
NB Automati c Rice	PanchbibPo urasova	Panchbibi	Shariful Islam	32	Proprietor	BA	2005	300	11kv	980	5600

Name of Mill	Name of Union	Name of Upazila	Respondent Name	A ge	Position	Educ ation	Year of Estab lishm ent	Land area (Dec imal)	Electr icity	Fortnig ht Capacit y (MT)	Godown Capacity (MT)
Talukdar Auto Rice	Kalai Pourasova	Kalai	Shahidul Talukdar	58	Chairman	BA	2011	500	11kv	520	3500
Firoza Auto Rice	Kalai Pourasova	Kalai	Md. Abdul Bari	63	Chairman	BSc	2011	186	11kv	450	1260
Maria Auto Rice	Jamalpur	Joypurhat	Md. Jahirul Islam	43	Manager	B Com	2003	400	11kv	468	6000

Apêndice F

Produção de arroz e número de produtores de arroz nas uniões de Joypurhat

Nome da União	Nome da Upazila	Produção de arroz	N.º de agricultores
Rukindipur	Akkelpur	11042	6765
Sonamukhi	Akkelpur	14477	5974
Gopinathpur	Akkelpur	15241	4631
Tilakpur	Akkelpur	15765	4606
Raikali	Akkelpur	16867	6024
Dhalahar	JoypurhatSadar	8713	3035
Amdai	JoypurhatSadar	19437	3870
Dogachhi	JoypurhatSadar	15094	4720
Puranapail	JoypurhatSadar	17357	3030
Bambu	JoypurhatSadar	17144	4030
JoypurhatPourasova	JoypurhatSadar	16153	5380
Mohammadabad	JoypurhatSadar	5361	2320
Jamalpur	JoypurhatSadar	11083	3780
Bhadsa	JoypurhatSadar	1469	4290
Matrai	Kalai	28037	6110
Udaypur	Kalai	23859	7515
Kalai	Kalai	20557	6425
Zindarpur	Kalai	18158	5895
Punat	Kalai	21374	8220

Baratara	Khetlal	22141	6334
Khetlal	Khetlal	15278	3915
Mamudpur	Khetlal	18123	3941
Barail	Khetlal	14499	4120
Alampur	Khetlal	19032	4653
Bagjana	Panchbibi	13010	2646
Dharanji	Panchbibi	10585	5638
Atapur	Panchbibi	21733	4525
Mohamadpur	Panchbibi	23120	4550
Aolai	Panchbibi	28065	7038
Balighata	Panchbibi	9365	4068
Kusumba	Panchbibi	25699	6540
Aymarasulpur	Panchbibi	10414	5198
Total		528252	159786

-: FIM :-

I want morebooks!

Buy your books fast and straightforward online - at one of world's fastest growing online book stores! Environmentally sound due to Print-on-Demand technologies.

Buy your books online at
www.morebooks.shop

Compre os seus livros mais rápido e diretamente na internet, em uma das livrarias on-line com o maior crescimento no mundo! Produção que protege o meio ambiente através das tecnologias de impressão sob demanda.

Compre os seus livros on-line em
www.morebooks.shop

Printed by Books on Demand GmbH, Norderstedt / Germany